科学出版社“十三五”普通高等教育本科规划教材

动物治疗技术

刘玉芹　主编

科学出版社

北京

内容简介

本书内容共分三部分。第一部分为疾病与治疗概论（第一单元），阐述了疾病与病因、疾病发展过程的一般规律、治疗的方法与手段及治疗的基本原则等内容。第二部分为治疗技术（第二至第九单元），分别从学习目标、常用术语、概述、专门解剖、准备、操作技术、注意事项、评价标准等方面对每种治疗技术进行了叙述，突出“实践性”和“操作性”。主要治疗技术包括给药技术、穿刺与封闭治疗、冲洗治疗技术、导尿治疗技术、输液及输血疗法、物理疗法、其他特殊治疗技术等。第三部分为教学法（第十单元），将职业教育教学方法与专业课教学高度融合在一起，增强教材的针对性和实用性，内容包括学情和教材分析、教学法建议及举例等。

本书可作为高等农业院校动物医学本科专业职教师资培养教材，对从事畜牧兽医工作的人员也是一本有用的参考书。

图书在版编目（CIP）数据

动物治疗技术 / 刘玉芹主编. —北京：科学出版社，2016
科学出版社“十三五”普通高等教育本科规划教材
ISBN 978-7-03-049969-1

Ⅰ. ①动… Ⅱ. ①刘… Ⅲ. ①动物疾病－治疗－高等学校－教材
Ⅳ. ① S854.5

中国版本图书馆 CIP 数据核字（2016）第225558号

责任编辑：丛 楠 刘 丹 / 责任校对：王 瑞
责任印制：赵 博 / 封面设计：黄华斌

科学出版社出版
北京东黄城根北街 16 号
邮政编码：100717
http://www.sciencep.com
北京凌奇印刷有限责任公司印刷
科学出版社发行 各地新华书店经销
*
2016年9月第 一 版 开本：787×1092 1/16
2025年1月第七次印刷 印张：10 1/8
字数：240 000

定价：39.00 元
（如有印装质量问题，我社负责调换）

教育部动物医学本科专业职教师资培养核心课程系列教材编写委员会

《动物治疗技术》编委会

主　编　刘玉芹（河北科技师范学院）

副主编　加春生（黑龙江农业工程职业学院）

张学强（济南市现代畜牧兽医专修学校）

编　委（以姓氏笔画为序）

邹继新（黑龙江职业学院）

张宝泉（黑龙江职业学院）

耿　琦（河北医科大学）

丛 书 序

为贯彻落实全国教育工作会议精神和《国家中长期教育改革和发展规划纲要（2010—2020年）》提出的完成培训一大批“双师型”教师、聘任（聘用）一大批有实践经验和技能的专兼职教师的工作要求，进一步推动和加强职业院校教师队伍建设，促进职业教育科学发展，教育部、财政部决定于2011～2015年实施职业院校教师素质提高计划，以提升教师专业素质、优化教师队伍结构、完善教师培养培训体系。同时制定了《教育部、财政部关于实施职业院校教师素质提高计划的意见》，把开发100个职教师资本科专业的培养标准、培养方案、核心课程和特色教材等培养资源作为该计划的主要建设目标。作为传统而现代的动物医学专业被遴选为培养资源建设开发项目。经申报、遴选和组织专家论证，河北科技师范学院承担了动物医学本科专业职教师资培养资源开发项目（项目编号VTNE062）。

河北科技师范学院（原河北农业技术师范学院）于1985年在全国率先开展农业职教师资培养工作，并把兽医（动物医学）专业作为首批开展职业师范教育的专业进行建设，连续举办了30年兽医专业师范类教育，探索出了新型的教学模式，编写了兽医师范教育核心教材，在全国同类教育中起到了引领作用，得到了社会的广泛认可和教育主管部门的肯定。但是职业师范教育在我国起步较晚，一直在摸索中前行。受时代的限制和经验的缺乏等影响，专业教育和师范教育的融合深度还远远不够，专业职教师资培养的效果还不够理想，培养标准、培养方案、核心课程和特色教材等培养资源的开发还不够系统和完善。开发一套具有国际理念、适合我国国情的动物医学专业职教师资培养资源实乃职教师资培养之当务之急。

在我国，由于历史的原因和社会经济发展的客观因素限制，兽医行业的准入门槛较低，职业分工不够明确，导致了兽医教育的结构单一。随着动物在人类文明中扮演的角色日益重要、兽医职能的不断增加和兽医在人类生存发展过程中的制衡作用的体现，原有的兽医教育体系和管理制度都已不适合现代社会。2008年，我国开始实行新的兽医管理制度，明确提出了执业兽医的准入条件，意味着中等职业学校的兽医毕业生的职业定位应为兽医技术员或兽医护士，而我国尚无这一层次的学历教育。要开办这一层次的学历教育，急需能胜任这一岗位的既有相应专业背景，又有职业教育能力的师资队伍。要培养这样一支队伍，必须要为其专门设计包括教师标准、培养标准、核心教材、配套数字资源和培养质量评价体系在内的完整的教学资源。

我们在开发本套教学资源时，首先进行了充分的政策调研、行业现状调研、中等职业教育兽医专业师资现状调研和职教师资培养现状调研。然后通过出国考察和网络调研学习，借鉴了国际上发达国家兽医分类教育和职教师资培养的先进经验，在我校30年开展兽医师范教育的基础上，在教育部《中等职业学校教师专业标准（试行）》的框架内，设计出了《中等职业学校动物医学类专业教师标准》，然后在专业教师标准的基础上又开发出了《动物医学本科专业职教师资培养标准》，明确了培养目标、培养条件、培养过程和质量评价标准。根据培养标准中设计的课程，制定了每门课程的教学目标、实现方法和考核标准。在课程体系的框架内设计了一套覆盖兽医技术员和兽医护士层级职业教育的主干教材，并有相应的配套数字资源支撑。

教材开发是整个培养资源开发的重要成果体现，因此本套教材开发时始终贯彻专业教育与职业师范教育深度融合的理念，编写人员的组成既有动物医学职教师资培养单位的人员，又有行业专家，还有中高职学校的教师，有效保证了教材的系统性、实用性、针对性。本套教材的特点有：①系统性。本套教材是一套覆盖了动物医学本科职教师资培养的系列教材，自成完整体系，不是在动物医学本科专业教材的基础上的简单修补，而是为培养兽医技术员和兽医护士层级职教师资而设计的成套教材。②实用性。本套教材的编写内容经过行业问卷调查和专家研讨，逐一进行认真筛选，参照世界动物卫生组织制定的《兽医毕业生首日技能》的要求，根据四年制的学制安排和职教师资培养的基本要求而确定，保证了内容选取的实用性。③针对性。本套教材融入了现代职业教育理念和方法，把职业师范教育和动物医学专业教育有机融合为一体，把职业师范教育贯穿到动物医学专业教育的全过程，把教材教法融入到各门课程的教材编写过程，使学生在学习任何一门主干课程时都时刻再现动物医学职业教育情境。对于兽医临床操作技术、护理技术、医嘱知识等兽医技术员和兽医护士需要掌握的技术及知识进行了重点安排。④前瞻性。为保证教材在今后一个时期内的领先地位，除了对现阶段常用的技术和知识进行重点介绍外，还对今后随着科技进步可能会普及的技术和知识也进行了必要的遴选。⑤配套性。除了注重课程间内容的衔接与互补以外，还考虑到了中职、高职和本科课程的衔接。此外，数字教学资源库的内容与教材相互配套，弥补了纸质版教材在音频、视频和动画等素材处理上的缺憾。⑥国际性。注重引进国际上先进的兽医技术和理念，将“同一个世界同一个健康”、动物福利、终生学习等理念引入教材编写中来，缩小了与发达国家兽医教育的差距，加快了追赶世界兽医教育先进国家的步伐。

本套教材的编写，始终是在教育部教师工作司和职业教育与成人教育司的宏观指导下和项目管理办公室，以及专家指导委员会的直接指导下进行的。农林项目专家组的汤生玲教授既有动物医学专业背景，又是职业教育专家，对本套教材的整体设计给予了宏观而具体的指导。张建荣教授、徐流教授、曹晔教授和卢双盈教授分别从教材与课程、课程与培养标准、培养标准与专业教师标准的统一，职教理论和方法，教材教法等方面给予了具体指导，使本套教材得以顺利完成。河北科技师范学院王同坤校长、主管教学的房海副校长、继续教育学院赵宝柱院长、教务处武士勋处长、动物科技学院吴建华院长在人力调配、教材整体策划、项目成果应用方面给予大力支持和技术指导。在此项目组全体成员向关心指导本项目的专家、领导一并致以衷心的感谢！

本套教材的编写虽然考虑到了编写人员组成的区域性、行业性、层次性，共有近200人参加了教材的编写，但在内容的选取、编写的风格、专业内容与职教理论和方法的结合等方面，很难完全做到南北适用、东西贯通。编写本科专业职教师资培养核心课程系列教材，既是创举，更是尝试。尽管我们在编写内容和体例设计等方面做了很多努力，但很难完全适合我国不同地域的教学需要。各个职教师资培养单位在使用本教材时，要结合当地、当时的实际需要灵活进行取舍。在使用过程中发现有不当和错误的地方，请提出批评意见，我们将在教材再版时予以更正和改进，共同推进我国动物医学职业教育向前发展。

动物医学本科专业职教师资培养资源开发项目组

2015年12月

前　言

发展职业教育，关键要有一支高素质的职业教育师资队伍。教育部、财政部为破解这一限制职业教育发展的瓶颈问题，启动了职业学校教师素质提高计划。该计划的任务之一是开发出一套培养骨干专业本科职教师资的教学资源。动物医学本科专业职教师资培养资源开发，属于本套培养资源开发项目的组成部分，计划开发出包括中职学校动物医学专业教师标准、动物医学本科专业职教师资培养标准、动物医学本科专业职教师资培养质量评价体系、动物医学本科专业职教师资培养专用教材和数字教学资源库在内的系列教学资源。

本套培养资源开发正值我国兽医管理制度改革，对中职学校兽医毕业生的岗位定位进行了明确界定。为此，中等职业学校兽医专业的办学定位也要大幅度进行调整，与之配套的职教师资职业素质也应进行重新设定。为适应这一新形势变化，动物医学专业职教师资培养资源开发项目组彻底打破了原有的课程体系，参考发达国家兽医技术员和兽医护士层面的教育标准，结合我国新形势下中职学校兽医毕业生的岗位定位和能力要求，设计了一套全新的课程体系，并为16门主干课程编制配套教材。本教材属于动物医学本科专业职教师资培养配套教材之一。

本教材在内容设计上考虑到了动物医学职教师资培养的基本要求和中职兽医毕业生的最低专业能力要求。动物治疗技术是兽医技术员和兽医护士必备的基本技能，以便协助执业兽医完成动物疾病的临床治疗工作，因此也是动物医学职教师资必须熟练掌握的关键技能，是完成整个疾病诊疗工作的根本保证，必须重点学习、重点掌握，为此专门设计了本课程及配套教材。

本教材的内容设计包括三部分：疾病与治疗概论部分包括疾病与病因、疾病发展的一般规律、治疗的方法与手段、治疗的基本原则等内容；治疗技术部分，包括给药技术、穿刺与封闭疗法、冲洗治疗技术、导尿治疗技术、输液及输血疗法、物理疗法、其他特殊治疗技术等内容；教学法部分，包括学情和教材分析、教学法建议及举例等内容。编写体例上遵从职业教育特点，设计了全新的编写体例，每个内容都是一个相对独立的工作任务，包括学习目标、常用术语、概述、专门解剖、准备、操作技术、注意事项、评价标准等，在本教材的最后还专门设计了本课程的教学法，将职业教育教学方法与专业课教学高度融合在一起，增强了教材的针对性和实用性。

本教材的编写人员来自全国动物医学专业职教师资培养单位、本科院校、高等职业专科学校、中等职业学校、动物医学企事业单位和行业管理协会。初稿完成后分发到上述各个单位广泛征求意见，也发给兽医临床资深专家进行审阅，经反复修改，形成定稿。

本教材编写过程中，得到了项目主持单位领导的大力支持，也得到了各编写单位的大力支持和通力合作，在此一并致以衷心的感谢。

编写职教师资专用教材，是一个大胆的尝试。由于编写者水平有限，对于职业教育的特点把握欠准，书中难免出现错误和缺陷，恳请读者将发现的问题及时反馈给我们，以便在本书再版时予以修订。

刘玉芹

2016 年 3 月 8 日

目　　录

第一单元　疾病与治疗

动物疾病是指动物机体受到内在或外界致病因素和不利影响的作用而产生的一系列损伤与抗损伤的复杂斗争过程，表现为局部、器官、系统或全身的形态变化和（或）功能障碍。动物疾病不仅可导致生产性能及利用价值降低，而且疾病的死亡转归，又可造成直接的经济损失。对患病动物进行及时合理的治疗，既能防止疾病的发展、蔓延，又能使患病动物尽快地康复。

现代治疗学是以普通生物学、医用物理学、生理学及病理生理学等为基础，综合了药理学、一般治疗学、物理治疗学、外科手术学等有关理论与技术，在辩证唯物主义观点指导下而逐渐形成和发展起来的。它既与各临床专业学科有直接的联系，又与营养学、卫生学及环境科学等密切相关。医学治疗学对动物治疗学的发展，提供了许多重要借鉴。

动物治疗技术是研究动物疾病治疗方法的理论和实际应用的科学，是认识和防治动物疾病，保护动物健康的科学。其目的在于防治动物疾病，减少因动物疾病、死亡所造成的经济损失，增强动物机体的抗病力，保护动物健康，提高其生产性能和价值，以促进农牧业生产的发展，增加经济效益，同时还可促进和谐社会的发展。

一、疾病与疾病发展的一般规律

（一）疾病与病因

疾病是机体和一定病因相互作用而发生的损伤与抗损伤的复杂斗争过程。在此过程中，机体的机能、代谢和形态结构发生异常，机体各器官系统之间，以及机体与外界环境之间的协调平衡关系发生改变，从而在临床上表现出一系列的症状与体征。

研究疾病发生的原因和条件的科学称为病因学。病因是引起某种疾病不可缺少的特异性因素，是疾病发生的必要条件，没有病因就不会发生疾病。尽管目前还有一些疾病的病因尚未明了，但随着科学技术的发展，其致病因素终将被阐明。

病因可分为外因和内因。

1. 外因

（1）*生物性致病因素*　包括各种病原微生物（细菌、真菌、支原体、立克次体、螺旋体、病毒等）和寄生虫（原虫、蠕虫等），是最常见的致病因素。这些因素的致病作用与其致病力、数量及侵入机体的部位有关。病原体侵入机体后，在一定部位生长繁殖，一方面造成机械性损伤，另一方面干扰、破坏组织细胞的正常代谢，或造成生理功能障碍，或引起变态反应，或引起组织器官的损伤，并出现各种临床症状。生物性致病因素要想引起机体发病，必须具备病原体、易感动物和造成感染的环境条件三个基本因素。

（2）*物理性致病因素*　包括各种机械力（引起创伤、震荡、骨折等）、高温与低温（引起烧伤或冻伤）、电流（引起电击伤）、电离辐射（引起放射病）、大气压力改变和激光等。物理性致病因素是直接作用于组织、细胞而造成损害，起病急，但一般不参与疾病的发展过程，而由其引起的组织水肿、损伤、断裂、出血、坏死等继续起致病作用。其致病的严重程度取决于这些因素的作用强度及作用时间。

（3）化学性致病因素　如强酸、强碱、一氧化碳、有机磷、生物性毒物等。这些致病因素对机体的损伤部位常常具有一定的选择性。它们往往在体内累积到一定量后才引起疾病，且或多或少在体内有残留而参与疾病的发展过程。

（4）营养性因素　营养物质的不足或过量均可引起疾病。必需营养物质（糖类、脂肪、蛋白质、维生素、微量元素、矿物质等）的缺乏或不足常引起动物营养代谢病及各器官系统疾病。而某些微量元素、维生素过量或配比不当在动物中毒性疾病的病因上具有重要意义。

此外，在环境条件因素的致病作用中，某些工业生产的“三废”，滥用农药、兽药、添加剂等，以及各种假冒伪劣产品，污染自然环境，造成公害，严重威胁人和动物健康，已成为值得注意的外界致病因素。

2. 内因

（1）机体防御机能的降低　如皮肤、黏膜的屏障保护作用，吞噬细胞的吞噬、杀菌作用，肝脏的解毒机能，呼吸道、消化道及肾脏的清除机能等的降低。

（2）机体的反应性不同　如因种属、品系、年龄、性别的不同，反应性不同。

（3）机体免疫特性的改变　如免疫反应异常或免疫功能障碍等。

（4）遗传因素的改变　机体遗传物质的改变可以直接引起遗传性疾病，也可使机体遗传易感性增加。

一般来说，外因是疾病发生的重要因素，没有外因通常不能发生疾病，但外部致病因素作用于机体能否引起机体发病，则在很大程度上取决于机体的内部因素，即外因通过内因而起作用。至于外部因素如何通过内因而起作用，具体情况需做具体分析。当外部致病因素数量多、力量强，而机体的抵抗力衰弱时，机体不能或仅能部分地消除致病因子，机体内组织细胞不断受到损伤而使功能障碍，从而表现出疾病的症状或体征；或当外部致病因素作用强而机体的抵抗力量也过于强烈时，亦可导致组织的损伤而致病。所以，外因和内因之间的反应强度十分重要，不足或过度都会导致疾病。

疾病过程中，外界致病因子作用于机体时，首先引起机体局部的免疫反应或炎症反应，这是外因与内因间相互斗争的第一个表现，也就是疾病的第一个阶段。而此时机体内部的状态，决定着疾病的发展和转归。当机体的修复和代偿能力超过了外部因素所致的损害时，疾病被消灭在萌芽状态，机体得到康复。如果机体的内在抵抗能力不足，则疾病继续发展，同时致病因素与机体的斗争也在延续。

各种致病因子一般通过如下途径而引起机体的变化：对细胞、组织的直接影响；通过体液成分、含量的改变；通过神经反射。这些因素最终导致机体内细胞代谢的改变及体液的质和量的改变，从而引起一系列机能和形态结构的异常，促成了疾病的发生。

（二）疾病发展过程的一般规律

研究疾病发生、发展的基本规律的科学，称为发病学。疾病的种类繁多，每种疾病均有其各自的发展规律。但是，多种疾病又存在有共同的发展规律。

1. 损伤与抗损伤的斗争　疾病发展过程中，致病因素作用于机体引起各种病理性损伤的同时，机体则调动各种防御、代偿功能对抗致病因素及其所引起的损伤。这种损伤与抗损伤反应贯穿于疾病发展过程的始终，双方力量的对比决定着疾病发展的方向和转归。例如，创伤性出血引起血压下降、组织缺氧、酸中毒等一系列损伤的同时，又激起机体的抗损伤性反应，表现为血管收缩、心率加快、贮存在血库中的血液参与循环等。若损伤较轻，出血量少，机体通过抗损伤性反应，很快可以恢复。但如果出血量大或持续时间过长，抗损伤性反应不足以抗衡损伤性变化，就可导致休克、缺氧、酸中毒等严重后果。再如，某些炎性疾病是细菌侵入机体，引起组织细胞的破坏，即造成损伤。同时，在损伤部位，局部血管扩张、血流量增多、血液中某些成分外渗。渗出的细胞（如白细胞）可吞噬病原体，渗出的液体可稀释毒素并带来抗体，从而进一步对抗致病因素。同时巨噬细胞清除坏死组织，组织细胞增生以便修复之前造成的组织缺损。这些都是机体与损伤斗争的抗损伤反应。炎性疾病的本质，就是损伤与抗损伤的斗争过程。

损伤与抗损伤斗争的发展，使疾病呈现一定的阶段性。然而，在不同的阶段中，抗损伤性变化对机体的意义不同，损伤与抗损伤的矛盾双方在一定条件下可以相互转化。例如，一般的发热可增强机体的抗病能力，是机体的抗损伤性变化之一，但持续高热则又可引起脑组织的损害，原来作为抗损伤性变化的发热又变为对机体不利的损伤性变化。

2. 因果关系及其转化　原始病因作用于机体而引起一定的病理变化，即为原始病因作用的结果。而这一结果又可作为新的病因，引起新的变化。如此因果的交替变化，形成一个链式发展的疾病过程。例如，外部创伤引起大失血，大失血使血容量减少，血容量减少导致心输出量减少及动脉血压下降，血压下降又反射地引起交感神经兴奋，导致皮肤及腹腔器官的微动脉及小静脉收缩，结果造成组织缺血、缺氧，继而导致毛细血管大量开放，多量血液淤积在毛细血管之中，从而回心血量及心输出量进一步减少，动脉血压更加降低，微循环中血液淤积再增加，组织细胞缺血、缺氧愈加严重而发生坏死，最终造成重要器官功能衰竭。如此，病程不断发展，病情不断变化，直至死亡。这就是创伤性大失血病程中的因果转化及其所造成的恶性循环。

如果在疾病发生后，及时采取有效的止血、输血、纠正缺氧和酸中毒等措施阻止恶性循环，可使疾病最终向康复的方向发展。

3. 局部和整体　机体在疾病过程中产生的病理变化，有时表现在局部组织器官，有时表现为全身性反应。但是，应当明确，任何疾病都是完整统一机体的复杂反应，任何局部的病理变化都是整体疾病的组成部分，局部既受整体的影响，同时它又影响整体。例如，患大叶性肺炎时，病变虽主要表现在肺脏局部，但其发生、发展过程又与动物整体不能分开。致病因素作用于肺脏，使肺部血管扩张、充血、液体渗出和血细胞游出，从而引起肺脏的炎症过程。而肺脏局部的炎症变化又引起机体体温升高、精神沉郁、食欲减退等全身性反应。

疾病在局部组织器官的病理变化，有时是整体疾病的重要标志或特征，有时局部的病理变化又成为整体疾病的主导环节。有时局部病变在一定条件下可以转变为全身性病理变化，如在机体的抗病力降低时，局部化脓性炎症可发展成为脓毒败血症。因此，在认识和对待疾病时，既应从整体观念出发，又不能忽视局部的变化。

（三）病因学及发病学与治疗

病因学与发病学的基本理论，对指导临床病防治工作有重要的实际意义。

病因学是疾病预防的理论基础，只有明确病因，才能采取各种措施防病于未然，在致病因素作用于机体之前将其消除，或阻止病因与机体相互作用，或增强机体抵抗力，以防止疾病的发生。

对于治疗工作，病因学提示，疾病发生后，应采取措施消除起致病作用的病因，即对因治疗，才能达到根本的治疗目的。治病必求其本。在医疗实践中，对每个病例都应首先明确病因，通过有效的治疗措施和方法消除病因，并配合必要的其他疗法进行综合治疗，才能使患病动物康复。

发病学中损伤与抗损伤的斗争规律告诉人们，临床实践中应该认识和辨别各种症状和病变的性质及其对机体的影响，明确哪些对机体有利，哪些对机体不利。治疗过程，应采取适当的方法和手段，以促使对机体有利的抗损伤性变化向优势方面发展，加快患病动物的康复过程。掌握不同病程阶段损伤与抗损伤性变化的转化规律，以便及时消除不利于机体的损伤性病变。例如，发生急性肠炎，腹泻达到极其剧烈和频繁的程度，机体发生严重脱水和酸中毒危害时，应采取止泻疗法，以阻止病情恶化，同时进行消炎、补液等综合治疗，以使患病动物迅速康复。疾病发展过程的因果转化规律启示我们，临床工作中，要正确掌握疾病发展过程中的因果关系，准确判断不同病程阶段的主导环节，及时采取相应的治疗措施，切断恶性循环的链锁，阻止病情恶化，以促使疾病向良性转归方向发展。例如，创伤性大失血的主导环节是血容量减少，对此，应及时采取输血、补液疗法，以扩充血容量，病情将向良好转归方面发展，再综合运用其他必要治疗，患病动物将会转危为安。

疾病发展过程中的局部与整体关系，为进行局部和全身的综合疗法，提供了理论根据。例如，患肺炎时既应治疗肺脏的局部炎症，又应配合全身疗法。

正确掌握和应用发病学的治疗原则，出血时进行止血、输血，脱水时进行补液，肠阻塞（结症）时排除阻塞物（结块）等，在临床治疗中具有重要意义。

病因学和发病学的基本规律和基本观点，是指导临床治疗工作的重要理论基础。运用这些理论，对每个病例进行具体分析，可以为选择合理的治疗方法、制订正确的治疗方案、取得良好的治疗效果提供有益的线索与启示。

二、治疗

治疗患病动物，其主要目的是采取各种治疗方法和措施，以消除致病因素，保护机体的正常生理功能并调整其各种功能之间的协调平衡关系，增强机体的抗病力，以使之尽快地得到康复。

（一）治疗的方法和手段

用作治疗的手段、方式、方法和措施十分复杂，按其不同内容大致归类如下。

1. 按照治疗目的不同可分为病原疗法和对症治疗

（1）*病原疗法*　病原疗法即对因治疗，其目的主要是消除致病原因。例如，利用抗微生物药物对病原体的抑制或杀灭作用，以治疗某些生物性病原所引起的传染病等。病原体被消除，机体即可康复，患病动物得到痊愈。临床上可利用某些药物的对因治疗作用而实施病原疗法。

（2）*对症治疗*　对症治疗的目的，主要是消除疾病的某个或某些症状。例如，当患病动物呈体温升高、腹痛、皮下水肿等症状时，应用解热、镇痛、利尿等药物，以调节相应的机能，解除有关症状以使其康复。

2. 按照治疗的具体手段及其特点不同可归纳如下8种

（1）*功能性药物治疗*　依据治疗目的不同，通常将药物分为功能性药物和化学治疗药物。功能性药物主要作用是使机体生理生化功能发生改变，如当病畜体温升高时，应用解热剂；呈现腹痛时，应用镇痛剂，目的是调节相应组织器官的机能，以解除疾病的有关症状，其实质就是对症治疗。

药物除可用以进行对因和对症治疗外，还可作为替代疗法、营养疗法、调节神经营养功能疗法或刺激疗法等。

为了收到药物治疗的预期效果，必须根据患病动物及疾病的具体情况，正确、合理地选择药物，应用适当的剂量、剂型及给药方法，并应按治疗计划完成规定的疗程。

（2）*化学疗法*　化学疗法通常是指以化学治疗药物治疗感染性疾病的一种疗法，其实质是一种特定（或特异）的药物疗法。其特定的含义是指对病原体有高度的选择性作用，能抑制或杀灭侵害机体的病原体，而对动物机体细胞（宿主）没有或只有轻度毒性作用。化疗药物包括的范围很广，抗菌药、抗病毒药、抗寄生虫药等均为化疗药物。过去化疗药物的概念，只看作是抗感染药，近年来将对恶性肿瘤有选择性抑制作用的化学物质也称为化疗药。因此，现在可将化学治疗广义地理解为用化学物质选择性地作用于病原体的一种病原疗法。20世纪以来，化学疗法迅速发展，在现代医学和动物医学中占有极其重要的地位。应用化学疗法，要严格掌握适应证，正确选药，合理用药，并注意药物不良反应的发生。

（3）*物理疗法*　应用光、电、X线、水、冷、热及按摩等物理因子治疗疾病的方法，称为物理疗法。以医用物理学、动物生理学的现代理论知识为基础，结合临床治疗的应用，物理治疗学已成为治疗学中的一个重要分支学科。科学技术的发展，不断地为物理治疗的临床应用和设计提供更多新的实用的医疗仪器。某些新技术的应用，如冷冻疗法、激光疗法等，为动物临床治疗学增添了新的内容。目前，物理疗法已较普遍地应用于动物普通病的治疗工作中，并且日益显示出重要的实际意义。

（4）*营养疗法*　营养疗法是给予患病动物必要的营养物质或营养性药剂的治疗方法。营养是能量代谢的物质基础。必需的足量的营养，是保证机体健康和高度生产效能的基本条件。营养疗法能改善患病动物的营养条件、代谢状况，促进其生理功能的恢复，加快机体的康复过程。营养疗法在综合治疗中占有重要的地位。对于由某些营养物质缺乏或不足而引起的疾病（如维生素、矿物质、微量元素缺乏症等），给予所需要的营养药剂（如维生素，必需的微量元素或钙、磷制剂等）或富含营养物质的饲料、饲料添加剂等，可起到防治的作用。从某种意义上来看，输血疗法、补液疗法、给氧疗法等也可属于广义的营养疗法。

特定的营养疗法，系指以治疗为目的，根据疾病的性质、情况，确定日粮标准及饲养制度，专门对患病动物实施的治疗性饲养，即所谓食饵疗法。

治疗性饲养的基本原则是：①要选择能满足患病动物机体需要和由于疾病而过度消耗的营养物质；②用做饲喂的物质应是富含营养、适口性强、容易消化的物质；③食饵疗法应符合动物种属的特点；④营养物质一般应通过患病动物的自然采食而给予，必要时可辅以人工饲喂法；⑤食饵疗法的选定，除应考虑机体的需要和具体病情外，还应注意其代谢和排泄器官（如肝脏和肾脏）的状态。应限制或停止饲用那些能使病理过程加剧的营养物质。

具体的饲养制度，应根据患病动物及疾病的具体情况而定，如保守疗法、半饥饿疗法或全饥饿疗法等。

（5）*外科手术疗法*　即通过对患病动物施行外科手术以达到治疗目的的方法。兽医外科及实验外科学的进展，为很多疾病的治疗研究出了有效的手术方法。同时，化学疗法的应用，有效防止术后感染及某些并发症，为手术疗法的临床应用进一步提供了可靠的保证。尽管手术是一种创伤性的，但其临床意义却十分重要。手术疗法的应用十分广泛，在治疗学中占有重要地位。某些手术（如肿瘤异物的切除或器官变位的整复等）还起根治作用。许多其他手术治疗，也均有对症疗法或病理机制疗法意义。

（6）*针灸疗法*　即利用针刺与艾灸进行治疗的方法，是祖国医学及中兽医学中一种独特的传统的治疗方法。由于它简便易行，治疗效果明显，所以一直传延至今并有一定的发展。针灸疗法包括针法和灸法。针法是用各种特制的针具，通过针刺动物体的特定部位（所谓穴位），给以机械的刺激，来治疗疾病的方法。灸法是点燃艾绒或利用其他温热物体，通过对体表穴位或动物体的一定部位，给以温热刺激，从而达到治疗目的的一种疗法。

动物治疗技术中针灸疗法的应用甚为广泛，根据所用针具及方法的不同，又分为白针（圆利针）疗法、血针疗法、水针疗法、新针疗法、电针疗法、激光针疗法及气针火针疗法、艾灸疗法、按摩疗法等。其中以圆利针在特定穴位针刺的所谓白针疗法，实际应用最多。针灸治疗的效果，与选穴是否恰当及定穴是否准确有直接关系。所以，依疾病的具体情况，并根据解剖部位准确地选取相应穴位至关重要。

（7）*免疫疗法*　是通过合理使用药物和其他手段来调整机体免疫机能，治疗一些免疫功能异常性疾病的方法。

1）脱敏疗法，指将致敏原做成制剂，用以治疗疾病，包括特异性脱敏疗法和非特异性脱敏疗法。

2）抗过敏疗法，指用各种抗过敏药物治疗过敏反应性疾病的方法。

3）免疫替代和重建疗法，是对免疫缺陷或免疫功能低下的患病动物给予免疫物质或功能替代或重建的治疗方法。例如，给动物体注射免疫血清，借以杀死病原微生物。本法多用于传染病的治疗，主要用于炭疽、猪丹毒、马副伤寒、腺疫、破伤风、犬传染性肝炎、犬瘟热等的治疗。血清疗法是一种被动免疫，虽然有即可生效的优点，但也有免疫期短的缺点。免疫血清可用于紧急预防，但却得不到长期免疫效果。

4）免疫抑制疗法，是对某些自体免疫疾病、免疫增殖疾病、变态反应性疾病，以及组织器官移植后的排斥反应进行免疫功能抑制的治疗方法。常用药物有抗肿瘤药、糖皮质激素、特异性单克隆抗体等。

5）免疫增强疗法，是采用抗原、药物或生物制剂来增强机体免疫功能的一种治疗方法。本法是通过给动物体注射疫（菌）苗等免疫增强物质，刺激机体产生免疫抗体，以达到预防感染的目的。由于疫苗是用于自动免疫，免疫抗体的产生需要一定时间，所以其效果的产生比免疫血清来得慢。但是一旦机体获得一次免疫，会持续较长时间，具有预防疾病的效果，因此多用于传染病的预防注射。

（8）*替代疗法*　补足机体缺乏或损失的物质，以达到治疗目的的方法，称替代疗法。包括输血疗法、激素疗法、维生素疗法等。

1）输血疗法，在起补充、替代作用的同时，尚有刺激（加强代谢及造血）作用、止血（提高血液凝固性）作用及解毒作用。输血可用于急性大失血、中毒、休克、烧伤、衰竭症等。单纯为了补充血容量或补给营养目的，也可采取输液疗法来代替。

2）激素疗法，用以治疗内分泌腺疾病或其功能减退时的一种替代疗法。

3）维生素疗法，用于治疗原发或继发的维生素缺乏症或具有维生素缺乏症状的患病动物。根据患病动物的具体情况，可经口给予富含维生素的饲料或制剂，也可以通过注射途径补给。

此外，按治疗作用的部位，可分为全身疗法及局部疗法；依治疗目的性而分为预防性疗法及诊断性疗法等。

（二）治疗的基本原则

正确合理的治疗才能收到预期的良好效果。为了达到有效的治疗目的，必须根据疾病的具体情况和患病动物的特点，选择适当的治疗方法和措施进行治疗。每种疾病都有不同的具体疗法，但是在治疗时则应遵循一些共同的基本原则。

1. 治病必求其本的治疗原则 任何疾病的治疗都必须明确致病原因，并力求消除病因，宜采取对因治疗的措施，应用病原疗法。临床应用时，应根据不同的致病原因，采取不同的病原疗法。例如，对某些传染病，应用特异性生物制剂（治疗用血清或疫苗），可收到特异性治疗效果；对细菌感染性疾病，应用抗生素或磺胺类药物进行化学治疗，效果较好；对各种原虫病、蠕虫病，应用抗寄生虫药，能确切地达到治疗目的；对一些营养代谢性疾病，给予所需要的营养物质或营养性药剂，实行替代疗法；对中毒性疾病，针对病原性毒物给予特效解毒药；对某些适合于进行外科手术治疗的疾病，适时而果断地施行治本的手术疗法等。这些都是能取得根治效果的必要手段，因此病原疗法具有首要意义。

在进行病原疗法的同时，并不排斥配合必要的其他疗法。有些疾病的病因未明，显然无法对因治疗，有些疾病虽然病因明确，但缺乏对因治疗的有效药物，所以对症治疗仍为切实可行的办法。特别是当疾病过程中的矛盾转化，使某些症状成为致命的主要危险时，及时地进行对症治疗就更有必要。例如，牛的急性瘤胃臌气或马的急性肠臌气时，发展急速，腹压过高，可使患病动物窒息，发生严重的内中毒而使生命垂危。此时，及时地施行胃穿刺术或肠穿刺术放气进行急救，以缓解病情，赢得时间，也可为探明病因并进行对因治疗及针对原发病采取其他的治疗措施提供条件。对于有继发或合并休克的病例，积极采取纠正休克的对症疗法无疑是临床治疗的当务之急。

2. 积极主动的治疗原则 唯有积极主动的治疗，才能及时地发挥治疗作用，防止病情蔓延，阻断病程的发展，迅速而有效地消除疾病，使患病动物恢复健康。

积极主动的治疗，首先要贯彻“预防为主”的方针，进行预防性治疗。针对畜群的具体情况（种属、年龄等），结合当地疫情及检疫结果，制订常年的定期检疫、防疫制度及疾病防治办法。例如，采取定期的预防接种，使动物获得特异性免疫力，预防某些传染病的发生与流行；对畜群实行定期的驱虫措施，以防寄生虫病的侵袭；制订科学的饲养管理制度，合理地调配饲料日粮，组织全价饲料，以防某些营养代谢疾病的发生。

治疗的积极性和主动性，还应体现为早期发现患病动物，及时采取治疗措施。做到早发现、早治疗，防止疾病发展和蔓延。无疑，根据疾病早期症状而进行及时诊断和治疗，可将疾病消灭在萌芽状态或初期阶段，从而收到积极的治疗效果。为此，应经常观察监测动物群，随时发现疾病的信号或线索，制订动物群监护制度，定期检测某些疾病的亚临床指标，以作为早期发现、早期诊断的依据。

制订恰当合理的治疗方案，并根据治疗计划，完成规定的疗程，进行有效、彻底的治疗，这也是积极主动治疗原则的一个内容。针对具体病情，采用特效疗法，应用首选药物，给予足够剂量（如磺胺药的首剂倍量）进行突击性治疗，以期最快、最彻底地消灭疾病。

使用足够剂量，完成规定疗程，才能收到彻底的、稳定的预期疗效，尤其是在应用抗生素类药物（如磺胺类）进行化学疗法时更应该注意。如果病情稍见好转就中途停药，可因疗程未完而病情反复、加重，甚至会引起抗药性等不良后果。

总之，只有实行预防性治疗；早期、及时治疗；按计划采用有效药物并足量、足疗程进行彻底治疗，才能收到积极的、主动的治疗效果。

3. 综合性的治疗原则 所谓综合疗法，是根据具体病例的实际情况，将多种治疗方法和手段合理地综合运用。每种治疗方法和手段都有其各自的特点，而每个病例的具体情况又不尽相同，针对任何一个病例只采用单一的治疗方法，即使是特效疗法，有时也难以收到完全满意的效果。因此，必须根据疾病的实际情况，采取综合性治疗，发挥各种疗法相互配合的优势，以取得理想的疗效。临床兽医师的重要任务，就在于综合分析患病动物、疾病及客观条件的具体情况，合理地选择、组合各种必要的治疗方法而进行综合治疗。例如，对因治疗配合必要的对症治疗；局部疗法配合必要的全身疗法；手术治疗后再及时地配合有效的药物治疗、物理疗法、食饵疗法等综合性的术后措施；合理的治疗更应辅以周到的护理，才能取得满意的治疗效果。所以，综合性治疗是临床治疗学中一项重要的基本原则。

4. 生理性的治疗原则 动物机体在长期的进化过程中获得了很强的抗病力和自愈能力，包括适应环境能力，对病原体的免疫、防御能力，对损伤破坏的代偿修复能力等。生理性的治疗原则就是在治疗疾病时，必须注意保护机体的生理机能，增强机体的抗病力，促进机体的代偿、修复过程，扶持机体的抗损伤性变化，使病势向良好方向转化，以加速其康复过程。

疾病既然是抗病因素同致病因素相互斗争的结果，那么单纯使用药物消除外部致病因素的治疗显然是不够全面的。战胜疾病的更积极主动的手段是从根本上增强机体的免疫力，调动机体抗损伤性的代偿修复能力。

生理性的治疗原则也是积极主动治疗原则的一种体现。

5. 个体性的治疗原则 疾病治疗过程中，治疗对象不是疾病而是患病的机体，而且是不同种属的动物。从这个意义上讲，兽医必须树立治疗的个体性原则。治疗时，应该考虑患病动物的种属特性、品系特点，以及年龄、性别状况等，掌握个体差异，以进行个体性的治疗。对具体患病动物进行具体分析，是进行个体治疗的基本出发点。

6. 局部治疗结合全身治疗的原则 疾病发展过程中，局部与全身是密切相关的。局部病变以全身的生理代谢状态为前提，并会影响到其他局部以至全身。治疗时应根据病情需要采取局部疗法与全身疗法相结合的原则，依具体病情也可酌情侧重。

基于以上各点，总的治疗原则通常是在生理性、个体性治疗的前提下，应以病原疗法为基础，配合其他的必要疗法以进行综合性治疗。而一切治疗措施，又都必须遵循积极主动治疗这一基本原则。

此外，动物临床治疗工作的一个重要特殊点是，它所面对的治疗对象是具有一定经济价值的动物（主要是畜禽）。因此，除非某些稀有动物、宠物、贵重种用畜禽，或为了实验研究目的以外，都必须考虑经济条件和经济效益。一切治疗措施，全部治疗消耗，原则上都不能超出患病动物个体的实际经济价值。

（三）有效治疗的前提和保证

1. 正确诊断是合理、有效治疗的前提　诊断是对疾病本质的认识和判断。临床治疗工作中，只有先经过一系列的诊查，对疾病的原因、性质、病情及其进展有了一定认识之后，才能提出恰当的治疗原则和合理的治疗方案。否则，治疗就带有一定的盲目性。因此，正确的诊断是合理治疗的前提和依据。

诊断必须正确，因为误诊常可导致误治。诊断过程中，首先要查明疾病的原因，作出病原学诊断。明确致病原因，才能有针对性地采取对因治疗。病原疗法乃是根本的治疗方法。为作出病原诊断，在诊查过程中，应进行病史的详细调查了解，从中探讨特定的致病条件。临诊中要注意发现疾病的特征性症状，为病原诊断提出线索，还要配合进行病理材料的检验分析，掌握病原诊断的特异性材料和根据。必要时再通过实验诊断以证实疾病的原因，通过这些为病原疗法提供基础和依据。具体的诊断不能仅仅标明一个病名而已，诊断应反映病理解剖学特征，即疾病的基本性质和主要被侵害的器官、部位，还应分清症状的主次，明确主导的病理环节，明确疾病的类型、病期和程度等，以作为制订具体治疗方案，采取对症治疗及其他综合措施的参考和根据。对复杂病例，还要弄清原发病与继发病、主要疾病与并发病及其相互关系。完整的诊断还应包括对预后的判断。预后就是对疾病发展趋势和可能的结局、转归的估计与推断。科学的预后，常是制订合理的治疗方案和确定恰当的处理措施的必要条件。

主动积极的治疗原则，要求及时地作出早期诊断。任何诊断的拖延，都可导致治疗失去良机。根据及时的早期诊断，才能采取预防性的治疗，从而获得积极的防治效果。早期诊断须以经常巡视、检查动物群，及时发现病情线索和定期对动物群进行监测等综合性兽医防治制度为基础。而研究各种疾病的亚临床指标和早期诊断依据，更是兽医临床诊断工作的重要课题。

综上所述，正确、及时的诊断是合理有效治疗的先导，误诊可导致误治，而延时诊断可致使治疗失去良机，病情延误，从而导致治疗效果差或治疗失败。

2. 治疗与护理　适宜的护理是取得有效治疗的重要保证。护理工作中首先要求给患病动物提供良好的环境条件。适宜的温度和光照，干燥、通风良好的畜舍，可加快患病动物的恢复。根据疾病特点，组织治疗性饲养（食饵疗法），更有重要意义。

通常情况下，适口性好、消化率高且高营养浓度的精补料、青饲料、优质干草及其他良好的饲料，是胃肠病、反刍动物前胃病，以及其他消化器官疾病、营养代谢疾病治疗的重要条件。口腔、食管，尤其是咽部的一些疾病（如咽炎），一定期限的饥饿疗法是十分必要的。在绝饲期间，为了补充营养，可给予营养（非经口的）疗法。

马骡疝痛病、反刍动物前胃病及某些疾病的手术治疗后，根据具体情况，宜给予适当的饥饿或半饥饿疗法。根据病情需要，应限制或停喂对病情不利的某些营养物质（如肾炎时的减盐疗法等）。某些情况下，需要对患病动物做适宜的保定或吊起，或进行适当的牵遛运动。对长期躺卧的患病动物，必要时可适当地吊起，或每天翻转躯体，以防褥疮发生。经常刷拭动物体，保持清洁，可以起到物理疗法作用。周密、适宜的护理配合进行各种必要的综合治疗措施，是取得良好治疗效果的基本保证。

3. 治疗计划及具体方案的制订和执行　对每一个具体病例的治疗，都应根据患病动物具体情况，制订具体的治疗计划，采取适当的综合疗法。为此，应将各种方法、手段，按照一定的组合、一定程序加以安排，并规定所用药剂的给药方法、剂量和疗程。

最初的治疗方案可能不够全面或不够完善，这就需要在治疗过程中详细地观察病程经过，周密地注意患病动物反应、变化、治疗效果，随时对治疗方案修改、补充、调整，使其逐步完善。如此边实践边改进，直到病程结束。

治疗方案制订后，取得畜主同意和支持，即可按计划执行，无特殊原因一般应按规定疗程完成治疗计划，不宜中途废止。

一切治疗方法、措施、反应、变化、结果，均应详细地记录于病历中。病程结束后，应及时地作出总结，以便为今后的治疗工作提供有益的经验和教训。

（刘玉芹）

第二单元 给药技术

任务一 经口给药技术

项目一 口服给药

【学习目标】

掌握取药、配药程序。能正确实施发口服药，并会按药物性能指导畜主给病畜服药。操作过程中严格遵守查对制度，关心、同情病畜。并能熟练地运用于临床实践，对口服给药注射过程中的突发事件能够及时作出判断及正确处理。

【常用术语】

口腔　片剂　胶囊

【概述】

口服给药法是将药物经口服后，被动物胃肠道吸收入血，起到局部或全身作用，以达到防治和诊断疾病目的的方法。口服给药是药物疗法最常采用的给药方式，为最常用、最方便而且较安全的给药法，但口服给药吸收慢，故不适用于急救，对意识不清、呕吐不止、禁食等病畜也不适用此法给药。

（1）口服给药的优点　①给药方式简便；②不直接损伤皮肤或黏膜；③药品生产成本较低，价格相对较低廉，故能口服给药者不首选注射给药。

（2）口服给药的缺点　①意识不清或昏迷病畜不宜采用；②吸收较慢且不规则，药效易受胃肠功能及胃肠内容物的影响；③某些药物会对胃肠产生不良刺激作用；④某些药物，如青霉素、胰岛素口服易被破坏而失效，只能注射给药。

【专门解剖】

口腔是消化管的起始部，具有采食、吸吮、泌涎、味觉、咀嚼和吞咽的功能。口腔的前壁和侧壁分别为唇及颊，顶壁为硬腭，底为下颌骨和舌。前端以口裂与外界相通。后端与咽相通。口腔可分为口腔前庭（为颊和齿弓之间的空隙）和固有口腔（齿弓以内的部分）。口腔内表衬以黏膜，在唇缘处与皮肤相接，向后，与咽的黏膜相连。

【准备】

（1）兽医准备　衣帽整洁、洗手、戴口罩。

（2）用物准备　发药车、药物、发药清单、药盘、药杯（必要时准备药匙、量杯、滴管、研钵、湿纱布、包药纸）、饮水管、治疗巾、水壶（内盛温开水）、弯盘、冷开水。

（3）如需兽医自行配药，应遵循以下原则（现一般都是从药房取回的药品）

1）固体药。用药匙取药，或者两人查对已经从药房取回的口服药。

2）液体药。用量杯量取，摇匀药液，取量杯，一手拇指置于所需刻度上并使之与视线平齐，另一手持药瓶，瓶签向上，倒出所需药液。

3）油剂或不足1mL按滴计算的药液，可先加入少量温开水，再用滴管吸取药液（1mL以15滴计算）。

（4）两人核对发药清单和药物　注意严格执行“三查七对”。

【操作技术】

1. 片剂和胶囊　动物站立保定，兽医或畜主掌心横越鼻梁，以拇指和食指分别从两侧口角打开口腔，如图2-1所示，一手将片剂或胶囊送进舌背部，使其闭口，待其自行咽下，如图2-2所示。

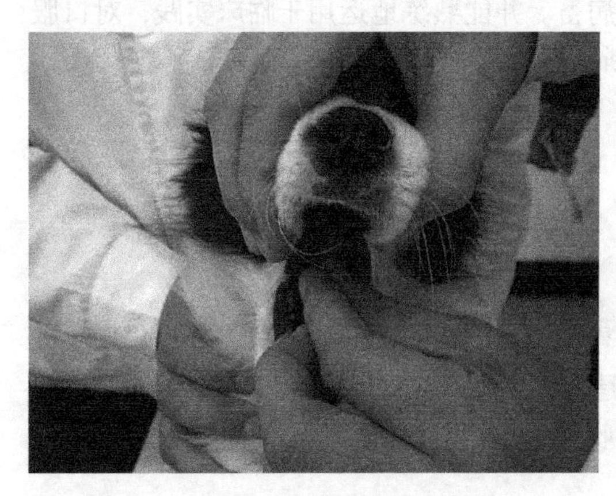

图2-1　片剂、胶囊徒手经口给药法

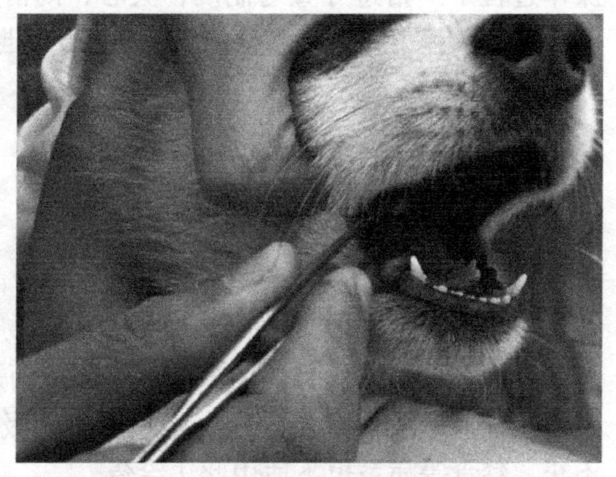

图2-2　片剂、胶囊器械经口投药

图2-3　少量药液投服法

2. 液体制剂投药　小动物取站立姿势，助手将动物头部固定，兽医或畜主一手持药瓶，一手将动物一侧口角拉开，然后自口角缓缓倒进药液。或用注射器将药液沿口角注入（图2-3）。待其咽下再灌，直至灌完。

对于羊等中等动物用橡皮球投药，将药吸入橡皮球内，一手拿球，另一手托住羊的下颌，将球嘴从口角伸入口中，缓缓捏球灌入。此法适于投送无刺激性而量少的药物。

对于牛等大动物，绑定好牛后，将药物用水调匀，装入胶皮瓶中，投药者一手拿瓶，一手用鼻钳提起牛头，瓶口抵其口角处，微向内顶，牛即张口，将瓶伸至其舌中部，使药液缓慢倾入。当牛有咳嗽表现时，立即放低牛头。

【注意事项】

1）严格执行查对制度。

2）掌握患畜所服药物的作用、不良反应及某些药物服用的特殊要求。

3）健胃及增进食欲药物宜餐前服，对胃黏膜有刺激的药物宜喂食后服。

4）对呼吸道黏膜作用的药物服后不宜立即饮水。

5）服磺胺类药经肾脏排出，应多饮水。

6）有相互作用的药不宜同时服用或短时间服用。

7）服强心苷类药物时需加强对心率、节律的监测。

【评价标准】

准确采用适当方式打开不同种类动物的口腔。口服给药准确，无动物受伤、漏液等现象。口服给药手法熟练，反复给药次数少，能及时对口服给药的呛着情况作出正确处理。完成口服给药操作时间：牛、羊、马 4min，猪 3min，犬 2min。

项目二 灌胃给药

【学习目标】

熟练掌握常见动物灌胃给药操作要领、注意事项，并能熟练地运用于临床实践，对灌胃给药过程中的突发事件能够及时作出判断及正确处理。

【常用术语】

灌胃器

【概述】

灌胃法，此法给药剂量准确，是借灌胃器将药物直接灌到动物胃内。给予中药药液时，浓度过大会使给药变得困难，此时可使用中药用灌胃器。

【专门解剖】

胃分为多室胃与单室胃。牛、羊的胃为多室胃，分瘤胃、网胃、瓣胃和皱胃（真胃）。牛胃的容积因个体和品种差异很大，一般有 110～235L，以瘤胃最大，网胃最小。牛、羊多室胃的容积和形态在出生后随年龄而有变化，初生犊牛的皱胃较大，因为乳汁主要是在皱胃消化的。犬、猫、猪多为单室胃，相对较大，5～8L，大部分位于左季肋部，小部分位于剑状软骨部，仅幽门端位于右季肋部。胃的大弯与左腹壁相贴，左侧大而圆，近贲门处有一盲突称胃憩室。在幽门处有自小弯侧壁向内突出的一纵长鞍形隆起，平滑肌增厚——幽门园枕，有关闭幽门的作用。黏膜分有腺部和无腺部，无腺部很小仅位于贲门周围，贲门腺区最大，几占整个左半，胃底腺区次之，幽门腺区在幽门部。

【准备】

1）灌胃器的来源。来源有两个，一是从市面上购买特制的 12～16 号灌胃针。二是自制，自制方法为：取 12 号普通注射针头，首先将针头尖部去掉，然后用细锉刀把针头剩下部分锉平、锉光，再用砂纸磨光滑，有条件时可在针尖处点焊成球形。加工成有 20°弧度的灌胃针，连接 1mL 或 5mL 的注射器，即成为大小鼠的灌胃器。在打磨针头或加工弧度时用力一定要均匀，否则就会将针管弄扁，影响针管畅通。豚鼠灌胃器，可采用大鼠灌胃器。

2）家兔灌胃器的制作。取 12 号腰椎穿刺针，加工方法同小鼠、大鼠灌胃器的制作，针体长约 9cm，并连接 10mL 或 20mL 注射器，即家兔灌胃器。

3）灌胃液的温度要接近于体温。

【操作技术】

1. 犬胃导管投药法 犬可用胃导管，猫选用导尿胶管。打开口腔，先置入钻有圆孔的木片（板）或胶布圈于口腔内，胃导管通过其孔穿进，刺激咽部使其吞入食道。确定其在食管内，即可投药。

灌胃一般要借助于开口器、灌胃管进行。先将动物固定，再将开口器固定于上下门齿之间，然后将灌胃管（常用导尿管代替）从开口器的小孔插入动物口中，沿咽后壁而进入食道。插入后应检查灌胃管是否确实插入食道。可将灌胃管外开口放入盛水的烧杯中，若无气泡产生，表明灌胃管被正确插入胃中，未误入气管。此时将注射器与灌胃管相连，注入药液，如图 2-4 所示。

2. 牛胃导管投药法 绑定好牛后，投药者站于牛头一边，一手拇指、食指捏住对侧牛鼻孔的内侧鼻翼，另一手拿前端抹油的投药管（管内不留洗涤的存水），插入牛鼻孔向下内方伸入，达咽部时，趁牛的吞咽动作伸入咽头，确认插入食道后，接上漏斗，灌入药液，最后用橡皮球将管中残存药液吹入食道，缓缓抽出投药管，如图 2-5 所示。注意不要用过粗的胶管。

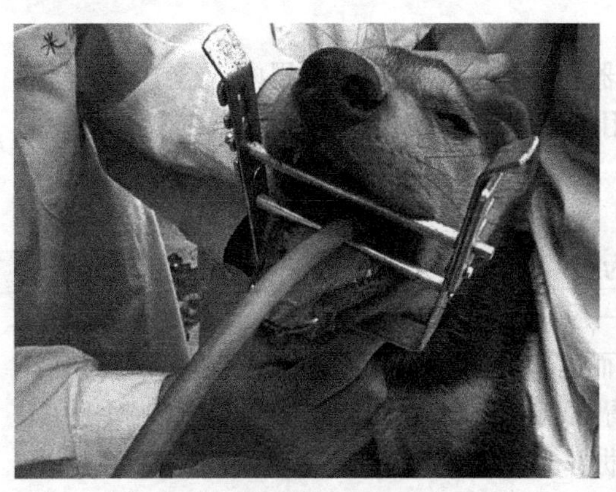

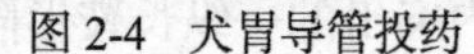
图 2-4 犬胃导管投药

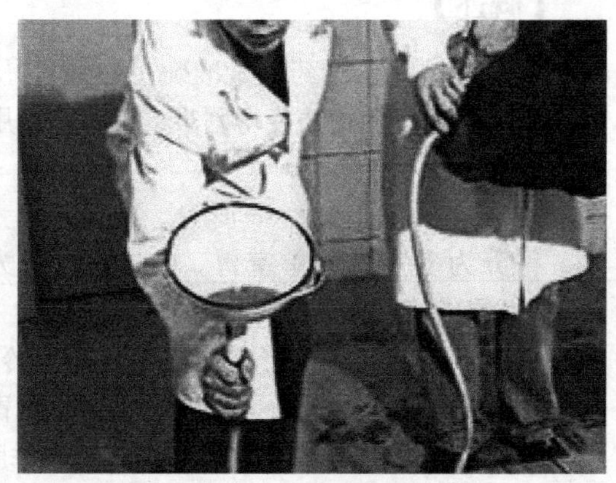

图 2-5 牛胃导管投药

3. 羊胃导管投药法 细胶管投药：用豆粒粗的胶管或人用 22 号鼻饲管进行。因羊的鼻孔较小，捏鼻固定则妨碍呼吸，故可用一手托握下颌，防其口鼻摇动，另一手拿胶管经鼻投入食道，将药液灌入。如果无小漏斗，可将药液吸入小橡皮球或大注射器中，接投到药管上注入。

4. 小鼠灌胃法 抓起小鼠，以左手拇指、食指固定头部，小指、无名指和掌心夹注尾巴，使腹部朝上，颈部拉直，右手持灌胃器，将灌胃针从鼠的口角插入口腔，从舌背沿上腭插入食道。灌胃量 0.2～0.5mL/10g 体重。

胃管可用适宜口径的硬质塑料管或磨去针头的 8 号注射针头弯成适当的弧度制成。注意，操作时不要用力猛插，以免插破食道或误插入器官造成动物死亡。

5. 大鼠灌胃法　左手戴上棉手套，用左手拇指和食指将大鼠头部固定，将大鼠灌胃器沿腭后壁慢慢插入食道。灌胃针插入时应无阻力，如有阻力或动物挣扎则应退针或将针拔出，重新再插。灌胃器由注射器和特殊的灌胃针构成。灌胃量 10～20mL/kg 体重。

6. 猪的胃内灌注法　给猪下鼻饲管较困难，因猪的鼻翼与上唇联合形成吻突，鼻腔内上下鼻夹与鼻中隔通道极窄，只能通过 F10～12 号的导尿管，F14 号以上的导尿管不能插入，故一般均给猪采用经口入胃的灌胃方法。具体方法是，预先做好一矩形小木块，中间有一洞，让小猪咬住，将其固定，然后再由此洞下胃管。此种操作较为简便。

7. 鸟类经口灌胃给药　鸟类包括鸽、鸡等，经口灌胃给药，可由助手将其身体用毛巾裹住固定好。用左手将动物向后拉，使其颈部倾斜，用左拇指和食指将动物嘴撬开，其他三只手指固定好动物头部，右手取带有灌胃针头的注射器，将灌胃针头由动物舌后插入食管。不要像其他动物灌胃时插得太深，如动物不挣扎，插针头又很顺利，即可将药液经口或食管上端灌入胃内。灌入速度要慢。

【注意事项】

1）保定动物时，一定要固定好动物，使动物头不要随意摆动，但不能挤捏颈部。灌胃器针头弧度面向前从动物右嘴角处插入，灌胃动作要轻柔。不能虐待动物，尤其是大鼠，否则，容易被其咬伤。

2）插入灌胃针时，如果遇到阻力，不能用力继续进针，应停止进针，等待其自动吞咽时，迅速进针。否则，容易损伤动物食道。

3）灌胃时，插入灌胃器动作不能过大，不要损伤动物食道。

4）插入灌胃器的位置要正确，不要误入气管。

【评价标准】

准确采用适当方式给不同种类的动物灌胃给药。灌胃给药准确，无损伤动物食道等现象。灌胃给药手法熟练，反复给药次数少，能及时对灌胃给药的误入气管与损伤动物食道情况作出正确处理。完成灌胃给药操作时间：牛、羊、马 4min，猪 3min，犬 2min。

任务二　注射给药技术

项目一　皮内注射法

【学习目标】

熟练掌握常见动物皮内注射的部位、操作要领、注意事项，并能熟练地运用于临床实践，对皮内注射过程中的突发事件能够及时作出判断及正确处理。

【常用术语】

变态反应　皮内　颈侧　结核菌素

【概述】

皮内注射法为将小量药液或生物制品注射于表皮和真皮之间的方法。主要用于某些变态反应诊断（如牛的结核菌素皮内反应）或做药物过敏试验等。

【专门解剖】

皮内注射部位：通常选择毛发、色素较少，皮肤较薄的部位，颈侧中部。

【准备】

1）通常用结核菌素注射器或小的注射器、短针头。

2）注射药液的温度要接近于体温。

3）大动物呈站立保定，使头稍向前伸，并稍偏向对侧。小动物可行侧卧保定。

【操作技术】

按常规消毒后，先以左手拇指与食指将术部皮肤捏起并形成皱褶；右手持注射器，使之与皮肤成5°角，刺入皮内注入规定量的药液即可。如推注药液时感到有一定阻力且注入药液后局部形成一小球状隆突，即为确实注入于真皮层的标志。拔出注射针，术部消毒，但应避免压挤局部。

【注意事项】

1）做皮试前，详细询问用药史、过敏史，如患畜对需要注射的药物有过敏史，则不可做皮试，应与兽医联系，更换其他药物。

2）注射前备好 1∶1000 盐酸肾上腺素、氧气等急救器材。

3）勿用碘伏（碘剂）消毒，注入的剂量要准确，嘱畜主勿揉擦及覆盖注射部位，以免影响观察。

4）进针角度不能过大，以针头斜面全部进入皮内即可，以免将药液注入皮下，影响观察和判断。

5）若需做对照试验，则用另一注射器及针头，在对侧相应部位注入 0.1mL 生理盐水。

6）注射后观察患畜有无不良反应，无反应方可离去，如病畜有恶心、呕吐、呼吸困难、皮疹等现象应立即报告兽医处理。

【评价标准】

准确对不同种类动物进行皮内注射。皮内注射法准确，无动物受伤、漏液等现象。皮内注射部位正确，反复注射次数少，能及时对不良反应情况作出正确处理。完成皮内注射操作时间：牛、羊、马 2min，猪 1min，犬 1min。

项目二　皮下注射法

【学习目标】

熟练掌握常见动物皮下注射的部位、操作要领、注意事项，并能熟练地运用于临床实践，对皮下注射过程中的突发事件能够及时作出判断及正确处理。

【常用术语】

皮下组织

【概述】

皮下注射是将少量药液或生物制剂注入皮下组织的方法。应选皮肤较薄而皮下疏松的部位，大动物多在颈侧；猪在耳根后或股内。犬、猫由于颈部和背部皮下结缔组织稀松，药物注射多采用此种方法。将药液注入于皮下结缔组织内，经毛细血管、淋巴管吸收而进入血液循环。因皮下有脂肪层，吸收较慢，一般需经一段时间呈现药效。

【专门解剖】

皮下组织又称为“皮下脂肪组织”，位于真皮下方，与真皮无明显的界限，解剖学上称为浅筋膜，临床上称为蜂窝组织。皮下脂肪组织是一层比较疏松的组织，它是一个天然的缓冲垫，能缓冲外来压力，同时它还是热的绝缘体，能够储存能量。除脂肪外，皮下脂肪组织也含有丰富的血管、淋巴管、神经、汗腺和毛囊。

【准备】

1）一般选用的注射器，无菌治疗巾，75% 乙醇溶液，强力碘消毒棉签，无菌棉签，剪刀，启瓶器，弯盘，洗手液，医用 / 生活垃圾桶，医嘱本，医嘱用药液，锐器盒，9 号针头。

2）注射药液的温度要接近于体温。

3）动物呈站立保定，小动物可行侧卧保定。

【操作技术】

凡易溶解、无刺激性的药物及菌苗、疫苗等，均可用皮下注射法。准备物品（药液、一次性注射器、棉签、砂轮、碘酒、乙醇），检查核对药物名称，注意有无变质，玻璃瓶安瓿有无破裂。药液安瓿或瓶盖要消毒后开启；动物实行必要的保定，通常选择皮肤较薄，皮下组织疏松而血管较少的部位，如颈部或股内侧皮肤较佳的部位。

注射时，助手先牢固地保定好动物，再局部剪毛（长毛品种观赏犬、猫，剪毛后影响外观，可在注射局部用消毒棉球将被毛分开）。用 75% 乙醇消毒后，左手将皮肤轻轻掐起形成皱褶，右手持连接针头的注射器，注射器吸入药液后要排出注射器内空气；将吸好药液的注射器成 45° 角刺入皱褶处皮下（深 1.5～2.0cm），回抽无血，再推进药液，如图 2-6 所示。一般针头刺入皮下后可较自由地拔动，注入需要量的药

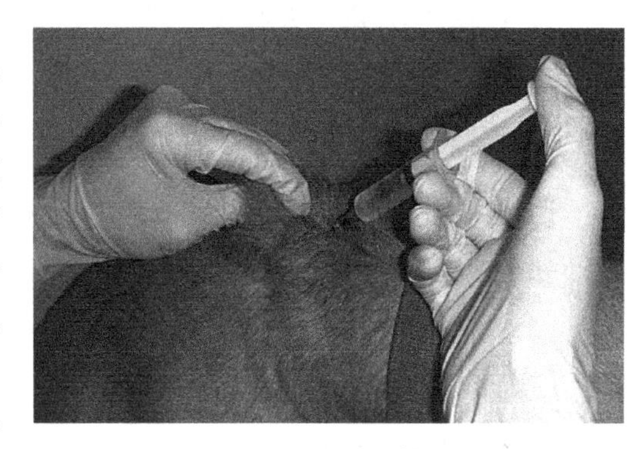

图 2-6　皮下注射法

液后，拔出针头，局部用棉球或棉签压迫片刻常规消毒处理。

【注意事项】

1）尽量避免应用刺激性较强的药物做皮下注射。

2）选择注射部位时应当避开炎症、破溃或者有肿块的部位。

3）经常注射者应每次更换注射部位。

4）药量多时，可分点注射，注射后最好对注射部位轻度按摩或温敷。

【评价标准】

准确对不同种类动物进行皮下注射。皮下注射法准确，无动物受伤、漏液等现象。皮下注射部位选择准确，能及时对不良反应情况作出正确处理。完成皮下注射操作时间：牛、羊、马 2min，猪 1min，犬 1min。

项目三　肌内注射法

【学习目标】

熟练掌握常见动物肌内注射的部位、操作要领、注意事项，并能熟练地运用于临床实践，对肌内注射过程中的突发事件能够及时作出判断及正确处理。

【常用术语】

肌肉　活塞手柄

【概述】

肌肉内血管丰富，药液吸收较快，一般刺激性较强、吸收较难的药剂（如水剂、乳剂、油剂的青霉素等）均可注射；多种疫苗的接种，常做肌内注射。因肌肉组织致密，仅能注入较小的剂量。

应选择肌肉较厚，离大神经、大血管较远的部位。

【专门解剖】

选肌肉层厚且避开大血管及神经干的部位。大动物多在颈侧、臂部，猪在耳后、臀部或股内部，禽类在胸肌部，犬适宜肌内注射部位如图 2-7 所示。

【准备】

1）注射器，一次性输液器，0.9% 生理盐水，无菌注射用水。

2）注射药液的温度要接近于体温。

3）大动物呈站立保定，使头稍向前伸，并稍偏向对侧。小动物可行侧卧保定。

【操作技术】

保定，局部按常规消毒处理。

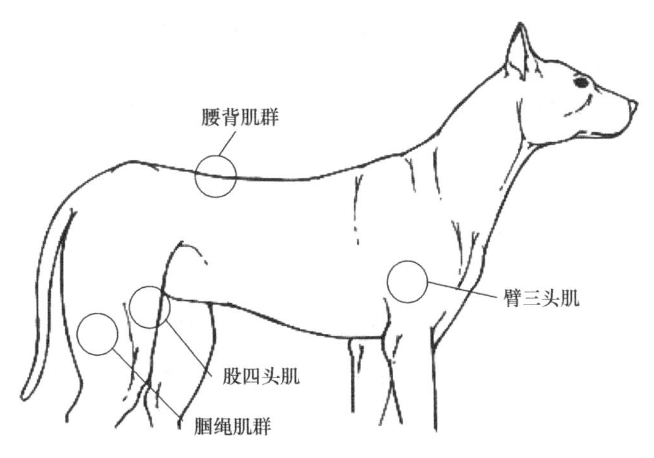

图 2-7　犬适宜肌内注射的肌群位置图

术者左手固定丁注射局部，右手持连接针头的注射器，与皮肤成垂直的角度，迅速刺入肌肉，一般刺入深度可至 2～2.5cm；改用左手持注射器，以右手推动活塞手柄，注入药液；注毕，拔出针头，局部进行消毒处理（图 2-8 和图 2-9）。

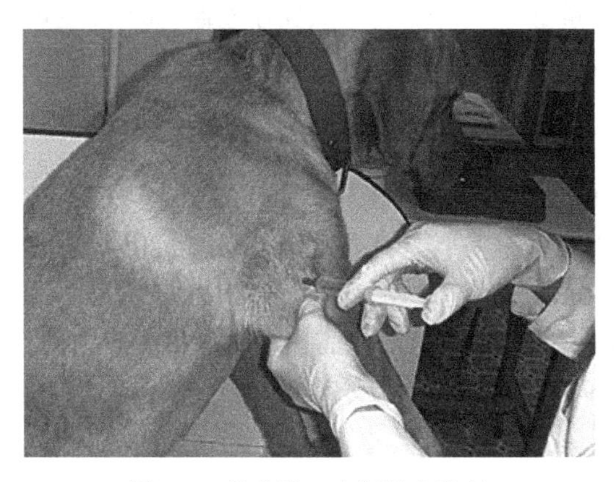

图 2-8　前肢臂三头肌肌内注射

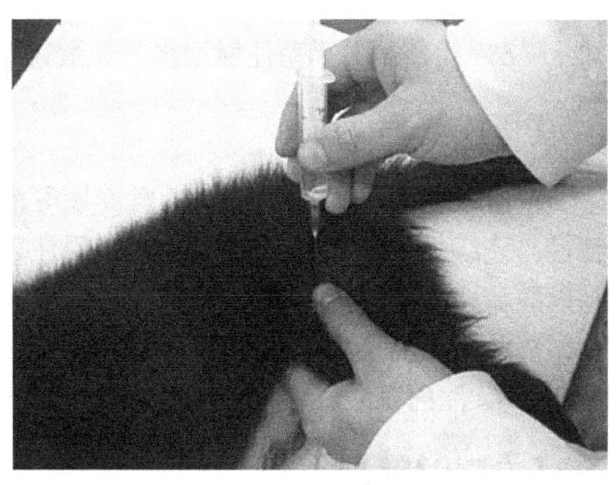

图 2-9　后肢股四头肌肌内注射

为安全起见，对大家畜也可先以右手持注射针头，直接刺入局部，然后以左手把住针头和注射器，右手推动活塞手柄，注入药液。

【注意事项】

1）为防止针头折断，刺入时应与皮肤成垂直的角度，并且用力的方向应与针头方向一致。

2）注意不可将针头的全长完全刺入肌肉中，一般只刺入全长的 2/3 即可，以防折断时难于拔出。万一针头折断，应保持局部与肢体不动，速用血管钳夹住断端拔出，如全部埋入肌肉，需手术取出。

3）长期作肌内注射的病畜，注射部位应交替更换，以减少硬结的发生。

4）两种药液同量注射时，要注意配伍禁忌，在不同部位注射。

5）根据药液的量、黏稠度及刺激性的强弱选择合适的注射器和针头。

6）对强刺激性药物不宜采用肌内注射，注射针头如接触神经时，动物骚动不安，应变换方向，再注药液。

7）避免在瘢痕、硬结、发炎、皮肤病及旧针眼处注射。淤血及血肿部位不宜进行注射。

【评价标准】

准确找到不同种类动物的肌内注射部位。肌内注射法准确，无断针、注射到皮下等现象。肌内注射手法熟练，反复注射次数少，能及时对不良反应情况作出正确处理。完成肌内注射操作时间：牛、羊、马 2min，猪 1min，犬 1min。

项目四　静脉内注射法

【学习目标】

熟练掌握常见动物静脉内注射的部位、操作要领、注意事项，并能熟练地运用于临床实践，对静脉内注射过程中的突发事件能够及时作出判断及正确处理。

【常用术语】

颈静脉　耳静脉　前腔静脉　桡静脉　隐静脉　注射器　一次性输液器　0.9% 生理盐水　5% 葡萄糖　无菌注射用水　硫酸镁溶液

【概述】

静脉注射是把血液、药液、营养液等液体物质直接注射到静脉中。静脉注射可分短暂性与连续性，短暂性的静脉注射多用注射器将药液直接注入静脉，连续性的静脉注射则以静脉滴注实施给药。

静脉内注射主要应用于大量的输液、输血；以治疗为目的急需速效的药物（如急救、强心等），注射刺激性较强的药物或皮下、肌内不能注射的药物等方面。

【专门解剖】

牛、马、羊、骆驼、鹿等动物静脉内注射多选择在颈静脉的上 1/3 与中 1/3 的交界处；猪主要在耳静脉或前腔静脉；犬、猫等小动物在桡静脉（前臂皮下静脉）或后肢外侧小隐静脉；禽类在翼下静脉；在特殊情况下，牛也可在胸外静脉及母牛的乳房静脉进行注射。

【准备】

1）根据注射用量可备 1～20mL 注射器及相应的注射针头，大量输液时则应用输液瓶（100～1000mL），并以一次性输液器连接型号合适的静脉针使用。

2）注射药液的温度要接近于体温。

3）大动物呈站立保定，使头稍向前伸，并稍偏向对侧。小动物可行侧卧保定。

【操作技术】

1. 牛的静脉内注射　牛的皮肤较厚且敏感，一般应用突然刺针的方法。即助手用牛鼻钳或一手握角，一手握鼻中隔，将牛头部安全固定，而后术者左手拇指压迫颈静脉的下方，使静脉怒张，右手持针头，对准进针部位并与皮肤垂直，用腕的弹拨力迅速刺入血管，见有血液流出后，将针头再沿血管向前推送，而后连接注射器或输液器，将药液注入血管中。

2. 马的静脉内注射

1）首先确定颈静脉经路，然后术者用左手拇指横压注射部位稍下方（近心端）的颈静脉沟上，使脉管充盈怒张。

2）右手持连接针头的注射器，使针尖斜面向上，沿颈静脉经路，在压迫点前上方约2cm处，使针尖与皮肤成30°～45°角，准确迅速地刺入静脉内，并感到空虚或听到清脆声，见有回血后，再沿脉管向前进针，松开左手，同时用拇指与食指固定针头的连接部，靠近皮肤，放低右手减少其间角度，此时即可推动注射器活塞，徐徐注入药液。

3）可采取分解动作的注射方法，即按上述操作要领，先将针头（或连接输液管的针头）刺入静脉内，见有回血时，再继续向前进针，松开左手，连接注射器或输液瓶的输液管，即可徐徐注入药液。如为输液瓶时，应先放低输液瓶，验证有回血后，再将输液瓶提至与动物头同高，并用夹子将输液软管近端固定于颈部皮肤上，药物则徐徐地流入静脉内。

4）采用连接长乳胶管针头的一次注射法。先将连接长乳胶管的输液瓶或盐水瓶提高，流出药液，然后用右手将针头连接的输液管折叠捏紧，再按上述方法将针头刺入静脉内，输入药液。

5）注射完毕，左手用无菌脱脂棉球压紧针孔，右手迅速拔出针头，按压片刻止血即可。

3. 羊的静脉内注射　与牛基本相同。

4. 猪的静脉内注射

（1）*耳静脉注射法*　将猪站立或侧卧保定，耳静脉局部剪毛、消毒。具体方法如下。

1）一人用手捏住猪耳背面的耳根部的静脉管处，使静脉怒张，或用酒精棉球反复涂擦，并用手指弹扣，以引起血管充盈。

2）术者用左手把持耳尖，并将其托平。

3）右手持连接针头的注射器，沿静脉管的经路刺入血管内，轻轻回抽注射器，见有回血后，再沿血管向前进针。

4）松开压迫静脉的手指，操作者用左手拇指压住注射针头，连同注射器固定在猪耳上，另一手徐徐推进注射器活塞即可注入药液。

5）注射完毕，左手拿无菌脱脂棉球紧压针孔处，右手迅速拔针。为了防止血肿或针孔出血，应压迫片刻。

（2）*前腔静脉注射法*　用于大量输液或采血。前腔静脉是由左右两侧的颈静脉与腋静脉至第1对肋骨间的胸腔入口处时，于气管腹侧面汇合而成。注射部位在第1肋骨与胸骨柄结合处的前方。由于左侧靠近膈神经而易损伤，故多于右侧进行注射。针头刺入方向，呈近似垂直并稍向中央及胸腔方向，刺入深度依猪体大小而定，一般深2～6cm，为此，要选用适宜的16～20号针头，取站立或仰卧保定，其方法是：①站立保定时的部位在右侧，于耳根至胸骨柄的连线上，距胸骨端1～3cm处，术者拿连接针头的注射器，稍斜向中央并刺向入口处，边刺入边回抽，见有回血时，即标志已刺入前腔静脉内，可徐徐注入药液。②取仰卧保定时，胸骨柄可向前突出，并于两侧第1肋骨结合处的前面，侧方呈两个明显的凹陷窝，用手指沿胸骨柄两侧触诊时更感明显，多在右侧凹陷窝处进行注射。先固定好猪两前肢及头部，消毒后，术者持连接针头的注射器，由右侧沿第1肋骨与胸骨结合部前侧方的凹陷窝处刺入，并稍偏斜刺向中央及胸腔方向，边刺边回抽，见回血后，即可注入药液，注完后无菌脱脂棉球压紧针孔，右手拔出针头，压迫片刻即可。

5. 犬的静脉内注射

（1）前臂皮下静脉（也称桡静脉）注射法　此静脉位于前肢腕关节正前方稍偏内侧，如图2-10所示。犬可侧卧、伏卧或站立保定，助手或犬主人从犬的后侧握住肘部，使皮肤向上牵拉和静脉怒张，也可用止血带（乳胶管）结扎使静脉怒张。操作者位于犬的前面，注射针由近腕关节1/3处刺入静脉，当确定针头在血管内后，针头连接管处见到回血，再顺静脉管进针少许，以防犬骚动时针头滑出血管，如图2-11所示。松开止血带或乳胶管，即可注入药液，并调整输液速度。静脉输液时，可用胶布缠绕固定针头。

图2-10　犬前臂皮下静脉（桡静脉）

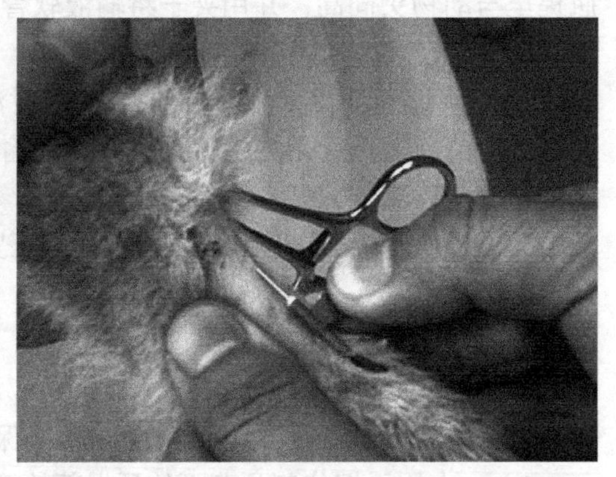

图2-11　犬前臂皮下静脉（桡静脉）注射方法

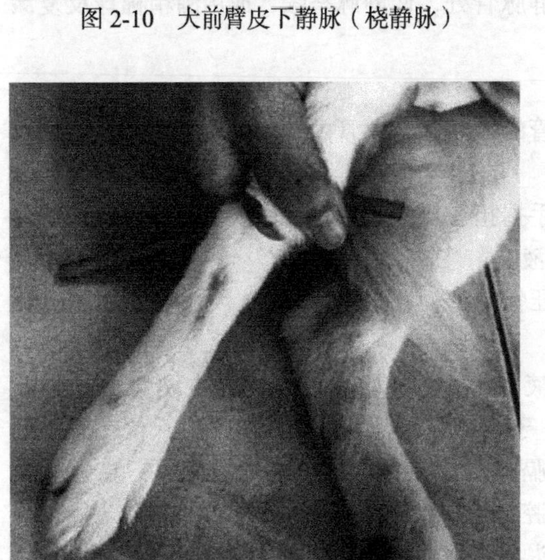

图2-12　犬后肢跖背静脉

此部位为犬最常用、最方便的静脉注射部位。在输液过程中，必要时试抽回血，以检查针头是否在血管内。注射完毕，以无菌脱脂棉球按压穿刺点，迅速拔出针头，局部按压或嘱畜主按压片刻，防止出血。

（2）后肢外侧小隐静脉注射法　此静脉位于后肢胫部下1/3的外侧浅表皮下，由前斜向后上方，易于滑动，如图2-12所示。注射时，使犬侧卧保定，局部剪毛消毒。用乳胶带绑在犬股部，或由助手用手紧握股部，使静脉怒张。操作者位于犬的腹侧，左手从内侧握住下肢以固定静脉，右手持注射针由左手指端处刺入静脉，如图 2-13 所示。

（3）后肢内侧面大隐静脉注射法　此静脉在后肢膝部内侧浅表的皮下。助手将犬背卧后固定，伸展后肢向外拉直，暴露腹股沟，在腹股沟三角区附近，先用左手中指、食指探摸股动脉跳动部位，在其下方剪毛消毒；然后右手持针头，针头由跳动的股动脉下方直接刺入大隐静脉管内，如图 2-14 所示。注射方法同前述的后肢小隐静脉注射法。

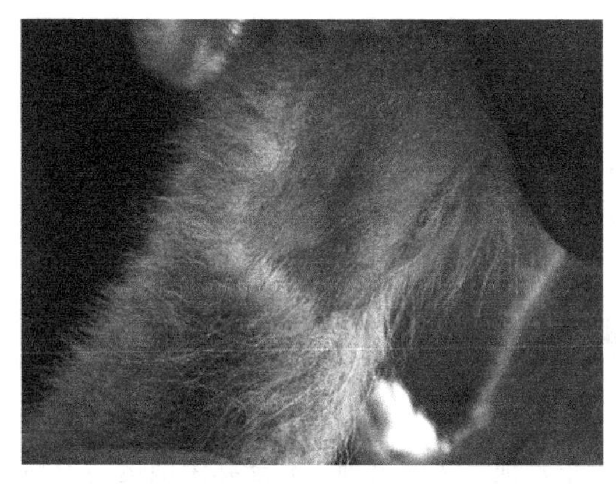

图 2-13　犬后肢外小隐静脉

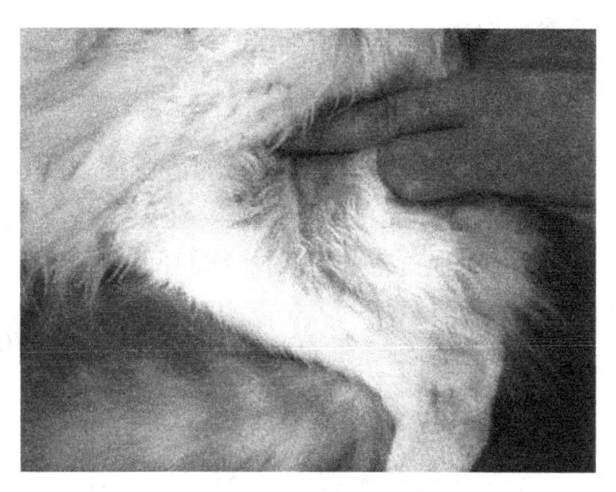

图 2-14　犬股内侧隐静脉

【注意事项】

1）严格遵守无菌操作常规，尽量使用一次性无菌注射器，注射局部在注射前应严密消毒。

2）注射时注意时刻检查针头是否畅通，当反复刺入时常被组织块或血凝块堵塞，应及时更换针头。

3）注射时要看清脉管径路，明确注射部位，熟练注射手法，降低反复注射次数，以免引起局部血肿或静脉炎。

4）刺针前应排空注射器或输液管中的气泡。

5）混合注入多种药液时，应注意配伍禁忌，油类制剂不能做静脉内注射。

6）大量输液时，注入速度不宜过快，以 10～20mL/min 为宜，药液最好加温至与动物体温相同，同时注意心脏功能，防止发生不良反应或者过敏反应。

7）输液过程中，要经常注意动物表现，如有骚动、出汗、气喘、肌肉震颤等征象时，应及时停止注射。当发现输入液体突然过慢或停止以及注射局部明显肿胀时，应检查回血，放低输液瓶，或一手捏紧输液管上部，使药液停止下流，再用另一只手在输液管下部突然加压或拉长，并随即放开，利用产生的一时性负压，看其是否回血。另法也可用右手小指与手掌捏紧输液管，同时以拇指与食指捏紧远心端前段乳胶管拉长，造成空隙，随即放开，看其是否回血。如针头已滑出血管外，则应顺正针头或重新刺入。

【静脉注射时药液外漏的处理】

静脉内注射时，常由于未刺入血管或刺入后因患病动物骚动而针头移位脱出血管外，致使药液漏于皮下。故当发现药液外漏时，应立即停止注射，根据不同的药液采取下列措施处理：①立即用注射器抽出外漏的药液。②如系等渗溶液（如生理盐水或5%等渗葡萄糖），一般很快自然吸收。③如系高渗盐溶液，则应向肿胀局部及其周围注入适量的无菌注射用水，以将高渗溶液稀释。④如系刺激性强或有腐蚀性的药液，则应向其周围组织内注入生理盐水；如系氯化钙液，可注入10%硫酸钠或10%硫代硫酸钠10～20mL，使氯化钙变为无刺激性的硫酸钙和氯化钠。⑤局部可用2%～5%硫酸镁进行温敷，以缓解疼痛。⑥如系大量药液外漏，应做早期切开，并用高渗硫酸镁溶液引流。

【评价标准】

准确找到不同种类动物的静脉注射部位，静脉穿刺准确，无断针、漏液等现象。整个过程均遵守无菌操作规程。注射手法熟练，反复注射次数少，能及时对漏液情况作出正确处理。完成静脉注射操作时间：牛、羊、马4min，猪3min，犬2min。

项目五　动脉内注射法

【学习目标】

熟练掌握常见动物动脉内注射的部位、操作要领、注意事项，并能熟练地运用于临床实践，对动脉内注射过程中的突发事件能够及时作出判断及正确处理。

【常用术语】

股动脉　颈总动脉　锁骨下动脉　桡动脉　无菌注射用水

【概述】

动脉内注射是自动脉注入无菌药液的方法。用于抢救重度休克，尤其是创伤性休克病畜。用于施行某些特殊检查，如脑血管造影、下肢动脉造影等，还可以用于区域性化疗。

【专门解剖】

抢救重度休克主要用股动脉，脑血管造影用颈总动脉，动脉血气分析用桡动脉，而区域性化疗用相邻大动脉。

【准备】

（1）用物准备　注射盘、合适的注射器、6～8号针头、药物、沙袋、无菌手套与无菌治疗巾等。

（2）病畜准备

1）股动脉为最常用部位，取仰卧位，两大腿稍分开，穿刺侧大腿外展，沙袋垫于腹股沟下，以显露注射部位。

2）幼畜如采用股动脉垂直进针易伤及髋关节，故多选用桡动脉。

3）血液病病畜禁忌此方法注射，以免引起流血不止。

（3）环境准备　按无菌操作要求进行。

【操作技术】

充分暴露穿刺部位，常规消毒，范围要广泛。术者立于穿刺侧，戴手套或用2%碘伏与70%乙醇消毒左手食指和中指，以固定欲穿刺的动脉，右手持注射器，在两指间垂直或与动脉走向成40°角刺入动脉，见有鲜红色回血，右手固定穿刺针的方向及深度，左手以最快的速度注射药液或采血。操作完毕，迅速拔出针头，局部加压止血5～10min。

【注意事项】

1）严格执行无菌技术，以防感染。

2）有出血倾向者，谨慎应用。

3）推注药液过程中随时听取病畜主诉，观察局部情况及病情变化。

4）拔针后局部用无菌纱布或沙袋加压止血，以免出血或形成血肿。

【评价标准】

准确找到不同种类动物的动脉注射部位，动脉穿刺准确，无断针、漏液等现象。整个过程均遵守无菌操作规程。注射手法熟练，反复注射次数少，能及时对漏液情况作出正确处理。完成动脉注射操作时间：牛、羊、马4min，猪3min，犬3min。

项目六 胸腔注射法

【学习目标】

熟练掌握常见动物胸腔注射的部位、操作要领、注意事项，并能熟练地运用于临床实践，对胸腔注射过程中的突发事件能够及时作出判断及正确处理。

【常用术语】

胸腔 注射器 一次性输液器 0.9%生理盐水 5%葡萄糖 无菌注射用水

【概述】

在胸膜腔内注入消炎药或洗涤药液，抽出胸膜腔内的渗出液或漏出液做实验室诊断，还可以气胸疗法时向胸腔内注入空气以压缩肺脏。猪多用于治疗气喘病、胸膜肺炎，而将某些药物直接注入胸腔内，兼起局部治疗作用；此外，还做猪气喘病疫苗注射用；亦可用来采取胸腔积液，供实验室诊断用。

【专门解剖】

反刍动物于右侧第5肋间（左侧第6肋间），胸外静脉上方2cm处；马于右侧第6肋间（左侧第7肋间），同上部位；猪注射部位在右侧胸壁，倒数第6～7肋间与坐骨结节向前作一水平线的交点（即“苏气穴”）。沿倒数第6肋前缘与胸壁成垂直角度插入细长针头。

【准备】

1）一次性注射器，3.8～4.4cm长的12号针头。

2）注射药液的温度要接近于体温。

3）动物站立保定。

【操作技术】

术者以左手于穿刺部位先将局部皮肤稍向前方拉动 1～2cm；右手持连接针头的注射器，沿肋骨前缘垂直刺入深度 1～2cm，可依据动物个体大小及营养程度确定，回抽为真空。注入药液（或吸取积液）后，拔出针头；使局部皮肤复位，并进行消毒处理。

猪胸腔注射于右侧胸腔的倒数第 6 肋骨至肩胛骨后缘部位或胛骨下缘 6～7cm 处，垂直刺入即可注射，忌回针。30kg 以下的猪，用 3.8～4.4cm 长的 12 号针头。

【注意事项】

1）用具和局部皮肤必须严格消毒，无菌操作，以防引起细菌感染。

2）刺入胸腔后应该立即闭合好针头胶管，以防空气窜入胸腔而形成气胸。

3）刺针时，针头应该靠近肋骨前缘刺入，以免刺伤肋间血管或神经。

4）必须在确定针头刺入胸腔内后，才可以注入药液。

【评价标准】

准确找到不同种类动物的胸腔注射部位，胸腔注射准确，无断针、形成气胸等现象。整个过程均遵守无菌操作规程。注射手法熟练，反复注射次数少，能及时对形成气胸情况作出正确处理。完成胸腔注射操作时间：牛、羊、马 4min，猪 4min，犬 4min。

项目七　腹腔注射法

【学习目标】

熟练掌握常见动物腹腔注射的部位、操作要领、注意事项，并能熟练地运用于临床实践，对腹腔注射过程中的突发事件能够及时作出判断及正确处理。

【常用术语】

腹腔　注射器　一次性输液器　0.9% 生理盐水　5% 葡萄糖　无菌注射用水

【概述】

由于腹膜腔能容纳大量药液并有吸收能力，故可做大量补液，常用于猪、犬及猫。

【专门解剖】

牛在右侧肷窝部；马在左侧肷窝部；较小的猪则宜在两侧后腹部；猫的注射部位为脐和骨盆前缘连线的中间点，腹白线旁边一侧。

【准备】

1）根据注射用量可备 1～20mL 注射器及相应的注射针头，并以一次性输液器连接型号合适的静脉针使用。

2）注射药液的温度要接近于体温。

3）犬前躯侧卧，后躯仰卧；猫先使前躯侧卧，后躯仰卧，将两前肢系于一起，两后肢分别向后外方转位，使注射部位充分暴露，并保定好头部；猪将两后肢提起，做倒立保定。

【操作技术】

1. 猫腹腔注射法　有些危重病猫常因血液循环障碍，造成静脉注射十分困难，而腹膜的吸收速度却很快，而且还可大剂量注射，在这种情况下，通常采用腹腔注射。注射时，局部剪毛消毒，将针头垂直刺入皮肤，依次穿透腹肌及腹膜，当针头刺破腹膜时，顿觉无阻力，有落空感。当针头内无气泡及血液流出，也无脏器内容物溢出，注入灭菌生理盐水无阻力，则说明刺入正确，此时就可连接胶管，进行腹腔内的注射。腹腔注射的药液需加热至37～38℃，温度过低会刺激肠管引起痉挛性腹痛。为利于吸收，注射的药液一般选用等渗或低渗液。如发现膀胱内积尿，应轻压腹部，促其排尿，待膀胱排空后再行注射。猫的注射剂量，一次可注入50～300mL。拔出针头后，再对注射部位消毒即可。

2. 犬腹腔注射法

1）犬前躯侧卧，后躯仰卧，将两前肢系在一起，两后肢分别向后外方转位，充分暴露注射部位，要保定好犬的头部，注射部位剪毛、消毒。

2）一手捏起皮肤，另一手持注射针头垂直刺入皮肤、腹肌及腹膜，当针头刺破腹膜进入腹腔时，立刻感觉没有了阻力，有落空感。若针头内无血液流出，也无脏器内容物溢出，并且注入灭菌生理盐水无阻力时，说明刺入正确，此时可连接注射器，进行注射，如图2-15和图2-16所示。

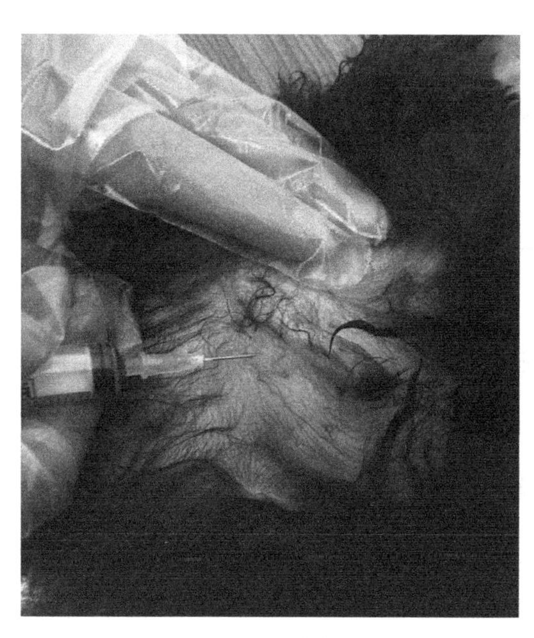

图2-15　腹腔穿刺部位

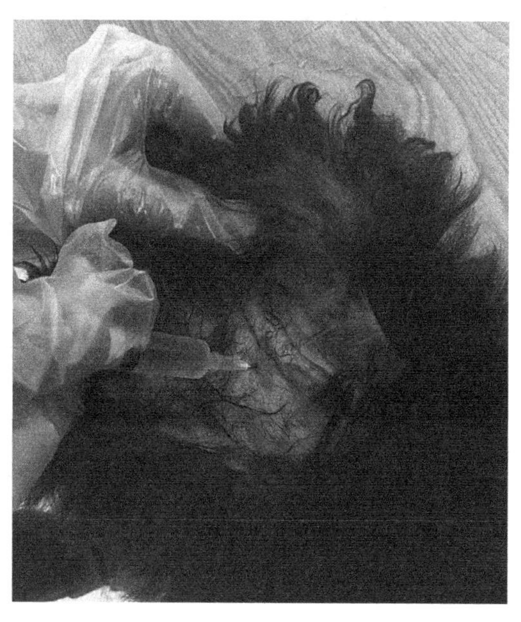

图2-16　穿透皮肤后稍移开皮肤

3. 猪腹腔注射法

1）将猪两后肢提起，做倒立保定；局部剪毛、消毒。

2）术者一手把握猪的腹侧壁；另一手持连接针头的注射器（或仅取注射针头），于距耻骨前缘处的中线旁，垂直刺入。

3）注入药液后，拔出针头，局部消毒处理。

【注意事项】

1）用具和局部皮肤必须严格消毒，无菌操作，以防引起细菌感染。

2）注意进针位置，不能太靠近上腹部，也不能太深，以防刺伤内脏。

3）针头刺入腹腔时角度不能太小，否则易刺入皮下，造成药液不能注入腹腔中。

4）注入的药液温度不能过冷或过热，最好与体温相同，注射速度不能过快，以免引起呕吐等不良反应。

5）腹腔注射宜用无刺激性的药液。

6）如药液量大时，则宜用等渗溶液。

7）刺针前应排空注射器或输液管中的气泡。

【评价标准】

准确找到不同种类动物的腹腔注射部位，腹腔注射准确，无刺伤内脏等现象。整个过程均遵守无菌操作规程。注射手法熟练，反复注射次数少，能及时对注射过程中出现的呕吐情况作出正确处理。完成腹腔注射操作时间：牛、羊、马 4min，猪 4min，犬 4min。

项目八　气管注射法

【学习目标】

熟练掌握常见动物气管注射的部位、操作要领、注意事项，并能熟练地运用于临床实践，对气管注射过程中的突发事件能够及时作出判断及正确处理。

【常用术语】

气管注射器　一次性输液器　0.9% 生理盐水　无菌注射用水

【概述】

气管注射法治疗支气管炎和肺炎；可用于肺脏的驱虫；注入麻醉剂以治疗剧烈的咳嗽等。

【专门解剖】

一般在颈部上 1/3 下界处，腹侧面正中，第 4 与第 5 两个气管软骨环之间进行注射。

【准备】

1）根据注射用量可备 1～20mL 注射器及相应的注射针头，并以一次性输液器连接型号合适的静脉针使用。

2）注射药液的温度要接近于体温。

3）大动物呈站立保定，使头稍向前伸，并稍偏向对侧。犬和猫侧卧或站立保定。

【操作技术】

犬和猫侧卧或站立保定，固定头部，充分伸展颈部，使前躯稍高于后躯，局部剪毛消毒。术者持连接针头的注射器，另一只手握住气管，于两个气管软骨环之间，垂直刺入气管内 0.5～1.0cm，如图 2-17 所示，此时摆动针头，感觉前端空虚，再缓缓注入药液。注完后拔出针头，涂擦碘伏消毒。

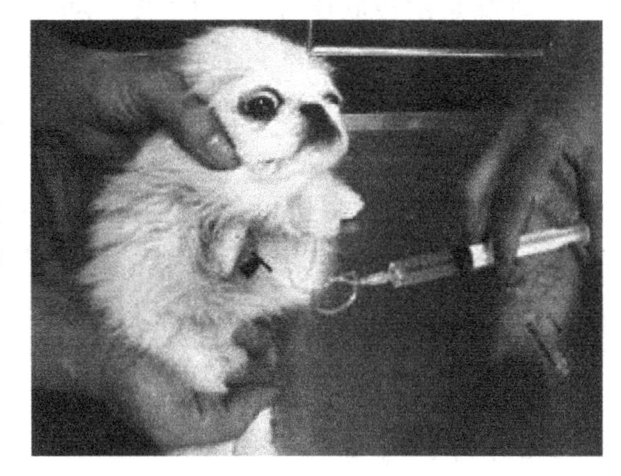

图 2-17　犬气管注射方法

【注意事项】

1）注射前宜将药液加温至与动物同温，以减轻刺激。

2）注射过程如遇动物咳嗽时，则应暂停注射，待安静后再注入。也可先注射 2% 盐酸普鲁卡因溶液 1～2mL 后，降低气管的敏感性，再注入药液。

3）注射速度不宜过快，最好一滴一滴地注入，以免刺激气管黏膜，咳出药液。

4）注射药液量不宜过多，犬一般 1～1.5mL，猫为 0.5～1.0mL。量过大时，易导致气管阻塞而发生呼吸困难。

【评价标准】

准确找到不同种类动物的气管注射部位，气管注射准确，无断针、刺激气管黏膜等现象。整个过程均遵守无菌操作规程。注射手法熟练，反复注射次数少，能及时对注射过程中的刺激气管黏膜情况作出正确处理。完成气管注射法操作时间：牛、羊、马 4min，猪 4min，犬 4min。

项目九　乳房内注入法

【学习目标】

熟练掌握常见动物乳房内注入的部位、操作要领、注意事项，并能熟练地运用于临床实践，对乳房内注入过程中的突发事件能够及时作出判断及正确处理。

【常用术语】

乳房　注射器　一次性输液器　0.9% 生理盐水　5% 葡萄糖　蒸馏水

【概述】

对有明显临床症状的临床型乳房炎要及时给予恰当的治疗。一般多采用乳头注入抗生素疗法，青霉素和链霉素是治疗奶牛乳房炎的首选药物，可用青霉素 80 万单位、蒸馏水 50mL，每日于挤奶后由乳头管口注入。

【专门解剖】

乳腺是由皮肤腺体衍生而来，为哺乳动物特有。不同动物的乳腺个数与分布部位有所不同，每个乳腺都是一个完整的泌乳单位。

【准备】

1）根据注射用量可备 1～20mL 注射器及相应的注射针头，大量输液时则应用输液瓶（100～1000mL），并以一次性输液器连接型号合适的静脉针使用。

2）注射药液的温度要接近于体温。

3）大动物呈站立保定，使头稍向前伸，并稍偏向对侧。小动物可行侧卧保定。

【操作技术】

先挤净患区内的乳汁或分泌物，用碘伏或乙醇擦拭乳头管口及乳头，经乳头管口向乳池内插入接有胶管的灭菌乳导管或去尖的注射针头，胶管的另一端连接注射器，将药液徐徐注入乳池内。注毕抽出导管，以手指轻轻捻动乳头管片刻，再以双手掌自乳头乳池向乳腺乳池再到腺泡管顺序轻轻向上按摩挤压，迫使药液渐次上升并扩散到腺管腺泡，每天 2～3 次。对于近年来发病越来越常见的支原体引起的青年奶牛的乳房炎，可以试用替米考星。

【注意事项】

1）用药治疗奶牛乳房炎时，应注意乳导管、乳头、术者手均要消毒彻底。

2）乳房内的乳残留物应挤净，如有脓汁不易挤出时，可先用 2%～3% 苏打水使其“水化”。

3）抗生素宜选用经药敏试验后的有效药物，要注意药物疗效和耐药性，应适当更换。

4）注药后，可轻轻捏一下乳头，防止漏出。

5）对严重病例可注入 0.02% 雷夫奴尔、0.1% 高锰酸钾等防腐药液，每天 1～2 次，注入后轻轻挤出。也可用 0.25%～0.5% 盐酸普鲁卡因作乳房基部封闭。当并发全身症状或乳池注入困难时，可肌内注射或静脉注射抗生素。

【评价标准】

准确找到不同种类动物的乳房内注入部位，注入准确。整个过程均遵守无菌操作规程。注入手法熟练，反复注射次数少。完成乳房内注入操作时间：牛、羊、马 4min，猪 3min，犬 2min。

项目十　瓣胃注入法

【学习目标】

熟练掌握常见动物瓣胃注入的部位、操作要领、注意事项，并能熟练地运用于临床实践，对瓣胃注入中的突发事件能够及时作出判断及正确处理。

【常用术语】

瓣胃　肋骨　瓣胃阻塞　生理盐水

【概述】

瓣胃注入生理盐水并辅以按摩治疗牛、羊瓣胃阻塞，是一种疗效切实可靠的治疗牛、羊瓣胃阻塞的方法。此法操作方便，简单易行，手术所需条件较低。术者可直接探查到瓣胃的状况，并根据治疗中具体情况，决定注入生理盐水量的多少。此法创口小，对牛、羊损伤较轻。

【专门解剖】

瓣胃注入：注射部位在右侧第 10 肋骨末端上方 3～4cm 处。

【准备】

1）根据注射用量可备 1～20mL 注射器及 10cm 长的针头，大量输液时则应用输液瓶（100～1000mL），并以一次性输液器连接型号合适的静脉针使用。

2）注射药液的温度要接近于体温。

3）牛站立保定：先用一手握紧牛角，然后另一手拉提鼻绳或以拇指和食指、中指捏住牛的鼻中隔加以固定；或将牛拴在木桩或树干上，然后用绳将两后肢跗关节的上方绑在一起。小动物可行侧卧保定。

【操作技术】

病牛行站立保定，注射部位消毒。术者用 10cm 长的针头，经肋骨间隙，方向略向后向下刺入瓣胃后，用注射器抽取胃内容物，如能抽到食物污染的液体证明已刺入瓣胃内，然后向内注入药物后拔出，最后消毒处理。

【注意事项】

1）如能抽到食物污染的液体，证明已刺入瓣胃内，如果抽不到则说明位置不对，重新确定注射部位后再刺入，直至抽到食物污染的液体。

2）在针伸进腹腔时，应小心地用手护住针头，避免划伤刺破腹膜和肝脏、胆囊、脾脏、胃肠等脏器或实质性器官，以免发生意外，影响手术效果或使手术失败。

【评价标准】

准确找到不同种类动物的瓣胃注入注射部位，瓣胃注入准确，无断针等现象。整个过程均遵守无菌操作规程。瓣胃注入手法熟练，反复注射次数少，能及时对针头划伤刺破腹膜和肝脏、胆囊、脾脏、胃肠等脏器或实质性器官情况作出正确处理。完成瓣胃注入操作时间：牛、羊以 5min 为宜。

项目十一　皱胃注入法

【学习目标】

熟练掌握常见动物皱胃注入的部位、操作要领、注意事项，并能熟练地运用于临床实践，对皱胃注入过程中的突发事件能够及时作出判断及正确地处理。

【常用术语】

皱胃　皱胃阻塞　皱胃变位　注射器　一次性输液器　0.9% 生理盐水　液体石蜡

【概述】

皱胃注入法主要用于反刍动物的皱胃阻塞或皱胃变位的诊断，也用于皱胃疾病的治疗。

【专门解剖】

牛的右侧第 11～12 肋之间 11 肋的后缘与肩关节平行处，皱胃内注入。

【准备】

1）根据注射用量可备 1～20mL 注射器及相应的注射针头，大量输液时则应用输液瓶（100～1000mL），并以一次性输液器连接型号合适的静脉针使用。

2）注射药液的温度要接近于体温。

3）大动物呈站立保定，使头稍向前伸，并稍偏向对侧。小动物可行侧卧保定。

【操作技术】

在牛的右侧第 11～12 肋之间 11 肋的后缘与肩关节平行处，首先对术部剪毛后，用 5% 的碘伏消毒，然后用 15cm 左右长的穿刺针头经肋骨间隙，垂直刺透皮肤后再向下刺入（皱胃）5～8cm，当感觉针头不在肌肉组织内且有坚实感时，先通过针头向皱胃内注射生理盐水 100mL，再用注射器抽取胃内容物，若抽到污染物的液体 pH 在 4.0 以下，证明已刺入皱胃内，然后直接向皱胃注入 10% 的生理盐水 1000mL 和液体石蜡 500～800mL，注意要先注入生理盐水再注入液体石蜡。

【注意事项】

1）严格遵守无菌操作常规，尽量使用一次性无菌注射器，注射局部在注射前应严密消毒。

2）注射时注意时刻检查针头是否畅通，当反复刺入时常被组织块或血凝块堵塞，应及时更换针头。

【评价标准】

准确找到不同种类动物的皱胃注入部位，皱胃注入准确，无断针等现象。整个过程均遵守无菌操作规程。皱胃注入手法熟练，反复注射次数少，能及时对针头被组织块或血凝块堵塞情况作出正确处理。完成皱胃注入操作时间：牛、羊以 5min 为宜。

项目十二　心脏内注射法

【学习目标】

熟练掌握常见动物心脏内注射的部位、操作要领、注意事项，并能熟练地运用于临床实践，对心脏内注射过程中的突发事件能够及时作出判断及正确处理。

【常用术语】

心脏　注射器　一次性输液器　肾上腺素

【概述】

心脏内注射又称心内注射，心脏内注射急救，一般指的是右心室内注射。心内注射是常见的抢救措施。当宠物心脏功能急剧衰竭，静脉注射急救无效或心脏停搏时，可将强心剂直接注入心脏内，恢复心功能，抢救宠物。

【专门解剖】

犬、猫在左侧胸廓下1/3处，第5～6肋间。胸骨左缘外1.5～2cm（或贴近胸骨左缘），垂直进针，通过皮肤、皮下组织、肌层（含胸大肌、肋间前韧带、肋间内肌）胸横肌、胸内筋膜、前纵隔间隙、壁层心包、心包腔、右心空前壁、右心室。

【准备】

1）根据需要准备心脏三联针、心脏四联针、新三联、旧三联、呼吸三联针、呼吸四联针。这是以往最常见的抢救用药和抢救操作。

2）注射药液的温度要接近于体温。

3）大动物呈站立保定，使头稍向前伸，并稍偏向对侧。小动物可行侧卧保定。

【操作技术】

于注射部位消毒，右手持连接针头的注射器，垂直刺入心脏，当针头刺入心肌时有心搏动感，注射器摆动，继续刺针可达左心室内，此时感到阻力消失。拉引针筒活塞时有暗赤色血液回流，然后徐徐注入药液，药液很快进入冠状动脉，迅速作用于心肌，恢复心脏机能。注射完毕，拔出针头，术部涂碘伏，或用碘仿火棉胶封闭针孔。

【注意事项】

1）穿刺针要长，以确保能进入心脏。

2）穿刺部位要准确，避免引起气胸或损伤冠状血管。

【评价标准】

准确找到不同种类动物的心脏注射部位，心脏穿刺准确，无断针等现象。整个过程均遵守无菌操作规程。注射手法熟练，反复注射次数少，能及时对气胸或损伤冠状血管情况作出正确处理。完成心脏注射操作时间：牛、羊、马4min，猪3min，犬2min。

任务三 其他给药技术

项目一 呼吸道给药

【学习目标】

熟练掌握雾化罐的使用，并能熟练地运用于临床实践，对呼吸道给药过程中的突发事件能够及时作出判断及正确处理。

【常用术语】

呼吸道 喷雾

【概述】

气体或挥发性液体如麻醉药和其他气雾剂型药物可通过呼吸道吸收。肺有很大表面积，血流量大，经肺的血流量约为全身的10%，肺泡细胞结构较薄，故药物极易吸收。优点是吸收快、免去首过效应，特别是呼吸道感染，可直接局部给药使药物达到感染部位发挥作用。主要缺点是难于掌控剂量，给药方法比较复杂。

【专门解剖】

鼻、咽、喉、气管、支气管是气体出入肺的通道称为呼吸道。

【准备】

气泵一台（压力可达6～8kg/m^2），压力气管长度同圈舍长度，喷枪两把，一把备用（喷孔0.1～0.2mm），雾状呈荷花形或扇形的最好，液罐为500mL。

【操作技术】

1）喷前准备：喷前3h加湿。夏季可开湿帘，冬季喷温清水。

2）调试气泵，避免在喷雾过程中出现问题，气压调至6kg/m^2。调试喷枪雾滴，喷射面扇形，用手距喷头50cm处感觉瞬间手掌湿润，可挂水滴为宜，此状雾滴可飘浮20～30min。

3）疫苗液、药液的配制：准备好凉开水，按说明配制疫苗液、药液。

4）喷雾方法：关闭圈舍风机，使圈舍无明显气流。从圈舍最里端开始喷，喷洒高度要求距离机体90cm，计算好每100只动物需要喷洒的疫苗液、药液量，每喷一栋圈舍需要在20min内完成，不宜过长，喷药液则以细心为主，病重者适当多喷。

5）收尾工作：每喷完一栋圈舍后需密闭圈舍20min后方可打开通风设备。喷雾设备消毒冲洗备用。

【注意事项】

1）药物的选择。要求使用的药物对呼吸道无刺激，不损伤呼吸道黏膜，且能溶于分泌物，要注意对症选用。

2）注意保温保湿。
3）控制雾滴大小。

【评价标准】

准确选择不同呼吸道给药方法给不同种类动物给药，给药方法准确，无损伤呼吸道黏膜等现象。整个过程均遵守保温保湿操作。给药手法熟练，反复给药次数少，能及时对雾滴大小作出正确处理。喷雾操作完成时间：牛、羊、马、猪、犬以 20min 为宜。

项目二 经皮给药

【学习目标】

熟练掌握经皮给药操作要领、注意事项，并能熟练地运用于临床实践，对经皮给药过程中的突发事件能够及时作出判断及正确处理。

【常用术语】

透皮（给药） 经皮给药 软膏 硬膏 贴片 膜剂 涂剂 气雾剂 首过效应

【概述】

经皮给药是药物通过皮肤给药方法的一种新方法，药物应用于皮肤上后，以恒定速度（或接近恒定速度）穿过角质层，扩散通过皮肤，由毛细血管吸收进入体循环，产生全身或局部治疗作用。通常文献上称为经皮治疗系统或经皮给药系统。经皮给药制剂可以是软膏、硬膏、贴片，还可以是膜剂、涂剂和气雾剂等。经皮给药的新制剂一般是指皮肤贴片，而广义的经皮给药系统可以包括以上这些经皮给药制剂。

【专门解剖】

皮肤由表皮、真皮和皮下组织三部分组成，此外还有汗腺、皮脂腺、毛囊等附属器。表皮由内向外可分为五层，即基层、棘层、粒层、透明层和角质层，其中表皮中的角质层性质与其他各层有较大差异，是药物透皮吸收的主要屏障，而表皮的其他四层统称为活性表皮。

【准备】

1）根据注射用量可备 1～20mL 注射器及相应的注射针头，大量输液时则应用输液瓶（100～1000mL），并以一次性输液器连接型号合适的静脉针使用。
2）注射药液的温度要接近于体温。
3）大动物呈站立保定，使头稍向前伸，并稍偏向对侧。小动物可行侧卧保定。

【操作技术】

经皮给药也叫透皮给药。经皮给药与传统给药方法相区别的是通过完整皮肤给药达到治疗局部和全身疾病的作用，避免了非胃肠道（注射）给药的危险、痛苦与不便，通过热疗和促进剂（水化剂、角质层剥离剂）的应用对皮肤进行预处理，增加皮肤的通透性，通过脉冲电流使α螺旋结构的多肽发生翻转形成平行排列，由无序性变为有序性，产生允许生物大分子药物通过的生物孔道，人为造成药物通过的直接通道，使药物顺利通过。

脑血管疾病患者最好不要用这种方法，以免造成渗透压增高，从而造成血压升高，对治疗造成障碍。

干贴是指用载体直接贴于患处或用中药粉末敷于载体上贴于患处的一种简单方法。

湿贴是将消肿止痛合剂融于载体和中药粉末（醋调、蜜调、乙醇调），或以西药直接同消肿止痛合剂混合贴于患处及穴位的一种常用方法。

【注意事项】

1）严格遵守无菌操作常规，使用前应严密消毒。

2）对皮肤有刺激性的药物不能用于经皮给药途径。

3）对于犬、猫等毛较长较多的动物可以先把毛剪净后再采用经皮给药途径。

【评价标准】

准确选择不同经皮给药途径给不同种类的动物给药，经皮给药途径准确，无对皮肤刺激等现象。整个过程均遵守无菌操作规程。经皮给药途径手法熟练，能及时对动物毛较长情况作出正确处理。完成经皮给药操作时间：牛、羊、马 2min，猪 2min，犬 4min。

项目三　直肠内给药

【学习目标】

熟练掌握常见动物直肠内给药的部位、操作要领、注意事项，并能熟练地运用于临床实践，对直肠内给药过程中的突发事件能够及时作出判断及正确处理。

【常用术语】

橡胶导尿管　生理盐水　麻醉药　抗菌药　营养药

【概述】

直肠给药法又称浅部灌肠法，就是将润滑液或药液（生理盐水、麻醉药、抗菌药、营养药等）灌入直肠内的方法。常在病畜有采食障碍或咽下困难或食欲废绝时，进行人工补充营养；直肠或结肠炎症时，投入消炎剂；病畜兴奋不安时，灌入镇静剂。

投药的方法：用注射器吸取药液，对猫灌入 30～45mL，对犬灌入 30～100mL。然后拔下导管，将尾根压迫在肛门上片刻，防止努责，然后松解保定。

【专门解剖】

抓住犬或猫的两条后肢，抬高后躯，将尾拉向一侧，用 12～18 号橡胶导尿管，经肛门向直肠内插入 3～5cm（猫）和 8～10cm（犬）。

【准备】

1）根据注射用量可备1～20mL注射器及相应的注射针头，12～18号导尿管。

2）注射药液的温度要接近于体温。

3）大动物呈站立保定，使头稍向前伸，并稍偏向对侧。将犬、猫倒提保定，稍稍抬高后躯体。

【操作技术】

1. 栓剂给药 适用于向肛门内插入消炎、退热、止血等栓剂时，用戴有一次性手套的左手执拿尾根部向上抬举，使肛门显露，用右手的拇指、食指及中指夹持药栓（在食指手套外涂液体石蜡或凡士林软膏），按入肛门并用食指向直肠深部推入，暂停片刻，待患犬、猫不再用力时，轻轻滑出食指，不要再刺激肛门部，如图2-18所示。

2. 液体制剂给药 投给液体制剂时，应先将尖端涂有凡士林或液体石蜡的肛门管（12～18号导尿管）插入直肠内5～10cm，并用左手将导管与肛门固定在一起，以防药液从肛门溢出。投给的药液应与体温一致，且无刺激性，如果药液量大，应再向深部插入导管。拔除导管时不要松开闭塞肛门的手，待其不再用力时，缓慢松开。

对于犬、猫，若灌药量小时，只要让助手将犬、猫倒提保定，稍稍抬高后躯体，用不安针头的注射器吸入药液，再将注射器插入猫的肛门内，推注即可。若灌药量较大，可使用人用的14号导尿管，在其前端涂上液体石蜡或植物油予以润滑，然后沿肛门插入直肠至一定深度（3～5cm），此时，用手捏紧肛门周围皮肤与导尿管，把注射器与导尿管相连，将药液徐徐推入，直到推完为止，如图2-19所示。

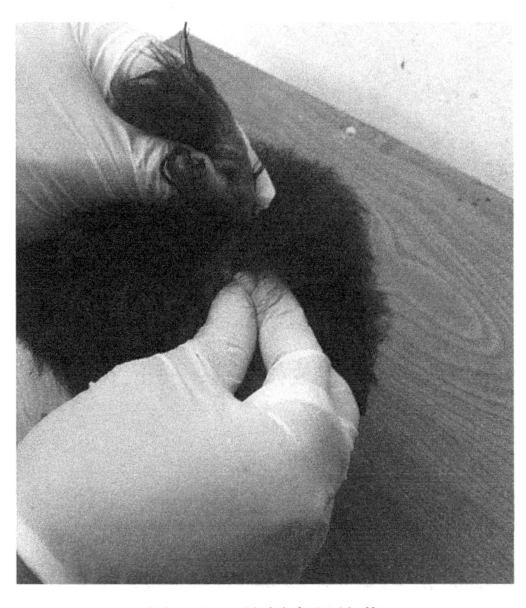

图2-18 栓剂直肠给药

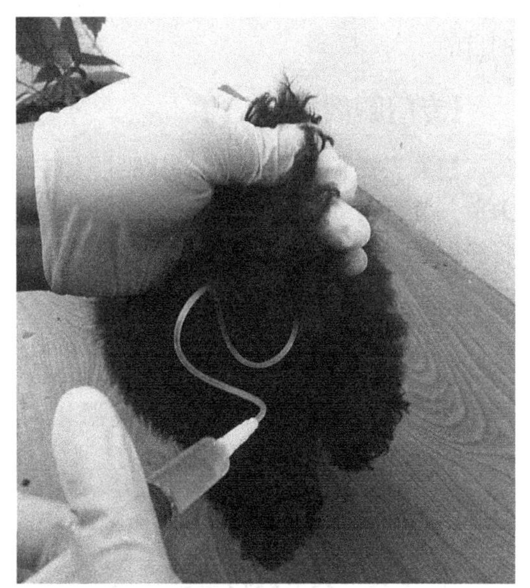

图2-19 液体直肠给药

【注意事项】

1）药液的灌入量不宜过大。

2）在灌肠时也可不用注射器。

3）只需将合适的漏斗安在导尿管上，将药液倒入漏斗内，再酌情举高漏斗。如此，也可顺利进行灌肠。

【评价标准】

准确对动物进行保定，直肠内给药未出现对肠道损伤现象，操作注意对粪便进行及时清理，未出现对皮肤污染情况。完成直肠内给药操作时间：牛、羊、马 4min，猪 3min，犬 2min。

项目四　关节腔内给药

【学习目标】

熟练掌握常见动物关节腔内给药的部位、操作要领、注意事项，并能熟练地运用于临床实践，对关节腔内给药过程中的突发事件能够及时作出判断及正确处理。

【常用术语】

关节腔　注射器　一次性输液器　0.9% 生理盐水　利多卡因　醋酸强的松龙　无菌注射用水

【概述】

关节腔内给药通过在关节周围和关节腔内注入镇痛药物和激素类药物，减少关节滑膜的炎症和渗出，消除关节肿胀，缓解关节疼痛，达到治疗骨性关节炎，恢复关节功能的目的。

【专门解剖】

髋关节关节腔内给药术者从股骨大转子前方，沿股骨颈方向，以 45°角缓慢进针；膝关节关节腔内给药使用细穿刺针，选择髌骨内缘约 1cm 处刺入；髌骨内缘关节腔内给药将注射针刺入髌骨内缘，在股四头肌内侧头附着处注射药液。

【准备】

1）术前给予穿刺处皮肤清洁处理并备皮，稳定患畜情绪，放松关节，便于穿刺。

2）注射药液的温度要接近于体温。

3）患畜取仰卧保定。

【操作技术】

1. 髋关节关节腔内给药疗法　将醋酸强的松龙 2～4mL 加入 0.5% 的利多卡因 10～20mL 备用。患畜取仰卧位，操作者从股骨大转子前方，沿股骨颈方向，以 45°角缓慢进针，针沿骨面前行，待针尖接近关节外缘部，将针尖翘起与关节囊平行刺入 1～1.5cm，入关节腔内，抽吸无回血或关节液时，即行药物注射，然后拔出针。再取俯卧位，在大转子后方进针，沿股骨颈方向刺入后关节囊层，抽吸无回血或关节液后，注射药物。同时可做髋关节周围软组织注射，以作辅助疗法。

2. 膝关节关节腔内给药疗法 适用于膝关节骨性关节炎、髌骨软化症等。操作方法：患畜仰卧伸膝位。使用细穿刺针，选择髌骨内缘约 1cm 处刺入，针尖斜向髌骨与股骨关节面的间隙前行，进入关节腔时有突破感，回抽吸确认有关节液后，将透明质酸钠注射液 2mL 注入膝关节腔内。也可用醋酸强的松龙 2mL（或得宝松 2mL）与 0.5% 的利多卡因 3～5mL 配制成混合溶液进行膝关节腔注射。

3. 髌骨内缘关节腔内给药疗法 适用于膝关节髌骨关节炎、髌骨软化症等。操作方法：用 0.5% 利多卡因 10～15mL 加醋酸强的松龙 2～3mL 配制成混合溶液备用。患畜取仰卧患膝半屈位。将注射针刺入髌骨内缘，在股四头肌内侧头附着处注射药液。注射针可深入髌骨缘内侧关节囊及髌骨周围附着的肌筋膜注射药液。

4. 髌骨关节间隙关节腔内给药疗法 适用于髌骨关节炎、髌骨软化症及膝关节骨质增生等。操作方法：0.5% 利多卡因溶液 10～20mL、得宝松注射液 2mL 备用。患畜仰卧屈膝。在膝关节内侧进针。穿刺成功，抽吸无回血，注入上述液体。注射部位包括髌骨关节间隙、脂肪垫、髌骨下极与髌韧带附着区，髌骨内缘关节囊扩张部等。

5. 踝关节关节腔内给药疗法 适用于踝关节骨性关节炎及骨质增生。操作方法：配制 0.5% 利多卡因溶液 5～10mL、醋酸强的松龙（或得宝松）2mL 备用。患畜仰卧，将足平放于床面，从踝关节前下方穿刺，避开足背动静脉，在关节囊前方，回吸针管无回血，即可注入配制的药液。

【注意事项】

1）严格遵守无菌操作常规，尽量使用一次性无菌注射器，注射局部在注射前应严密消毒。

2）严重凝血机制障碍者，以及穿刺部位局部皮肤有破溃、严重皮疹或感染者不宜采用。

3）避免损伤股动静脉。注入药物前要回抽注射针管，确认无回血，防治误将药液注入血管内。

4）穿刺过程中注意定位，避免误伤股动脉等重要血管和神经组织。应严格无菌操作。

【评价标准】

准确找到不同种类动物的关节腔内给药部位，给药准确，无损伤股动静脉和神经等现象。整个过程均遵守无菌操作规程。给药手法熟练，能及时对误将药液注入血管内情况作出正确处理。完成关节腔内给药操作时间：牛、羊、马 5min，猪 5min，犬 5min。

项目五 眼睛给药

【学习目标】

熟练掌握常见动物眼睛给药的部位、操作要领、注意事项，并能熟练地运用于临床实践，对眼睛给药过程中的突发事件能够及时作出判断及正确处理。

【常用术语】

眼角 眼药膏 结膜 眼睑

【概述】

药物可分眼药水、眼药膏、结膜下注射药和洗眼药等，主要用于结膜与角膜炎症和各种眼病治疗。

【专门解剖】

水剂可以从内眼角点眼；膏剂涂入后将上下眼睑闭合，轻轻按摩使之分散；软膏剂则应涂在下睑缘。

【准备】

1. 洗眼用器械 冲洗器、洗眼瓶、胶帽吸管等，也可用20mL注射器代用。

2. 常备点眼药或洗眼药 0.1%盐酸肾上腺素溶液、3.5%盐酸可卡因溶液、0.5%阿托品溶液、0.5%硫酸锌溶液、2%～4%硼酸溶液、1%～3%蛋白银溶液、0.01%～0.03%高锰酸钾溶液及生理盐水等。各种抗生素点眼药或抗生素眼膏，其他药物配制的眼膏如2%～3%黄降汞眼膏、2%～3%白降汞眼膏等。

3. 动物保定 大动物在柱栏内站立保定，固定头部，并稍偏向对侧。小动物可行站立与侧卧保定。

【操作技术】

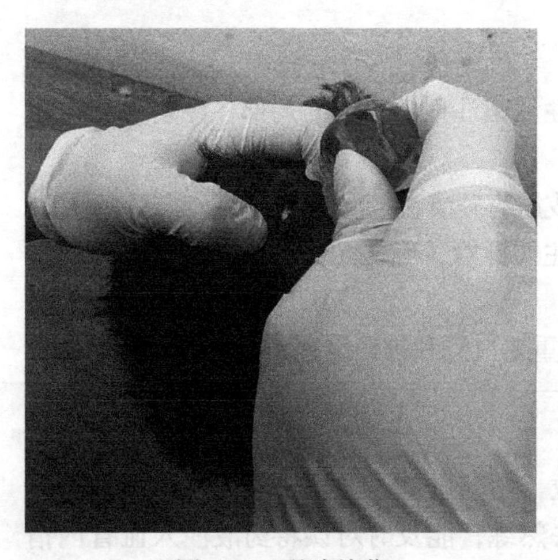

图2-20 眼睛给药

柱栏内站立保定好动物，固定头部，用一手拇指与食指翻开上下眼睑，另一手持冲洗器（洗眼瓶、注射器等），使其前端斜向内眼角，徐徐向结膜上灌注药液冲洗眼内分泌物，如图2-20所示。或用细胶管由鼻孔插入鼻泪管内，从胶管游离端注入洗眼药液，更有利于洗去眼内的分泌物和异物。如冲洗不彻底时，可用硼酸棉球轻拭结膜囊。洗净后，左手拿点眼药，靠在外眼角眶上，将药液斜向内眼角滴入眼内，闭合眼睑，用手轻轻按摩1～2下，以防药液流出，并促进药液在眼内扩散。如用眼膏时，可用玻璃棒一端蘸眼膏，横放在上下眼睑之间，闭合眼睑，抽去玻璃棒，眼膏即可留在眼内，用手轻轻按摩1～2下，以防流出。也可直接将眼膏挤入结膜囊内。

犬、猫等小动物站立与侧卧保定，水剂眼药可以从内眼角点眼，但药瓶口端不能触及眼球、眼睑等。滴入眼药水后，停留30s至1min再松开保定；眼膏涂入后将上下眼睑闭合，轻轻按摩使之分散。软膏剂则应涂在下睑缘，长度以3mm为宜。

【注意事项】

1）严格遵守无菌操作常规，操作中防止动物骚动。

2）点药瓶或洗眼器与病眼不能接触，也不能与眼球呈垂直方向，以防感染和损伤角膜。

3）点眼药或眼膏应准确点入眼内，防止流出。

【评价标准】

准确找到不同种类动物的眼睛给药部位，给药准确，无感染和损伤角膜等现象。给药手法熟练，能及时对点眼药或眼膏流出情况作出正确处理。完成眼睛给药操作时间：牛、羊、马 3min，猪 3min，犬 1min。

项目六　耳 朵 给 药

【学习目标】

熟练掌握常见动物耳朵给药的部位、操作要领、注意事项，并能熟练地运用于临床实践，对耳朵给药过程中的突发事件能够及时作出判断及正确处理。

【常用术语】

内耳　耵聍　外耳道炎　中耳炎　耳道霉菌病

【概述】

内耳禁忌使用大量的药液或粉剂。一般常用的药物有氯霉素、过氧化氢和雷夫奴尔等。多适应于耵聍栓塞、外耳道炎、急慢性化脓性中耳炎、耳道霉菌病，作为软化耵聍、抗炎杀菌、消肿止痛或促使鼓室、外耳道干燥用。

【专门解剖】

患畜侧卧或将头倒向一侧，使患耳外耳道口朝上，牵引耳廓，拉直外耳道，将药液滴入耳廓耳甲腔内，使药液由此进入外耳道并沿外耳道壁流入耳道深部。

【准备】

1）根据需要准备油剂或膏剂。
2）注射药液的温度要接近于体温。
3）将头部固定，侧卧或将头倒向一侧。

【操作技术】

将头部固定，进行患耳的清洁后，便可以将治疗用的油剂或膏剂耳药点入患耳内，膏剂涂后要进行轻轻地按摩。切忌向耳内投给水剂和粉剂。侧卧或将头倒向一侧，使患耳外耳道口朝上，牵引耳廓，拉直外耳道，将药液滴入耳廓耳甲腔内，使药液由此进入外耳道并沿外耳道壁流入耳道深部，如图 2-21 所示，按压耳屏数次即可。滴药量一般每次 2～4 滴，每日 4 次。

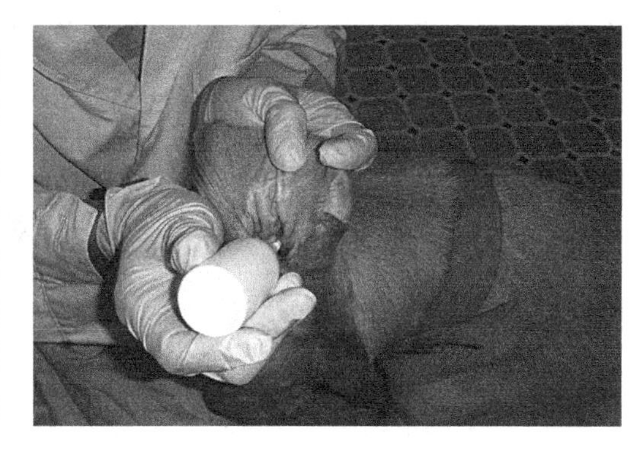

图 2-21　耳药投给法

【注意事项】

1）滴药前用消毒棉签拭干外耳道分泌物，否则滴入的药液会被分泌物阻隔或稀释，从而使药物作用减弱或失效。

2）滴耳药的温度不宜过凉，以免因冷刺激鼓膜或内耳，引起眩晕、恶心等反应。滴耳药的加温很简单，只需将药液滴在耳廓腔，使其沿外耳道壁缓慢流入耳底，药液自会温暖。

3）切忌将滴药直接滴到鼓膜上。

4）滴药前应将外耳道拉直，成年动物的耳廓向后上方牵引，幼畜的耳廓向后下方牵引，然后滴药。滴药后轻轻按压耳屏数次即可。

5）已经干燥的慢性化脓性中耳炎（穿孔）；鼓膜外伤，出现裂孔的急性期；外耳道皮肤药物过敏而呈弥漫性红肿者，禁用。

【评价标准】

准确进行不同种类动物的耳朵给药，给药准确，无使药物作用减弱或失效等现象。避免滴药直接滴到鼓膜，给药手法熟练，能及时对药物刺激鼓膜或内耳作出正确处理。完成耳朵给药操作时间：牛、羊、马 2min，猪 2min，犬 1min。

项目七　鼻部的局部给药

【学习目标】

熟练掌握常见动物鼻部的局部给药部位、操作要领、注意事项，并能熟练地运用于临床实践，对鼻部的局部给药过程中的突发事件能够及时作出判断及正确处理。

【常用术语】

鼻腔　滴鼻剂　鼻喷雾剂

【概述】

常用等渗药液滴入鼻腔内，勿使滴管接触鼻腔黏膜。鼻腔内禁用油膏，因为它会损伤鼻黏膜或因不慎吸入产生类脂性肺炎。鼻内给药治疗鼻部疾病时，药液可直接接触鼻黏膜，充分发挥药效。鼻内给药操作简单、吸收好，全身治疗作用也逐渐受到重视。滴鼻剂和鼻喷雾剂是鼻内给药的常用剂型。

【专门解剖】

鼻部位于额部前方，包括鼻背和鼻侧。鼻孔部包括鼻孔和鼻孔周围。

【准备】

1）滴鼻剂和鼻喷雾剂。

2）注射药液的温度要接近于动物体温。

3）动物呈站立保定，取鼻部低于口和咽喉部的姿势，以免药液直接流入咽部。

【操作技术】

用药前先要把鼻涕擤干净，如果鼻腔有干痂，可用温盐水清洗，待干痂变软取出后再用药。特别是滴药时，每侧3～5滴，滴后轻捏鼻前部数次，使动物休息5min再站起来，这样可使药液充分和鼻腔黏膜接触。每日滴药3～4次。

1. 滴鼻剂操作技术

1）清洁鼻腔，以免药液不能充分接触黏膜或被分泌物稀释降低疗效。

2）取鼻部低于口和咽喉部的姿势，以免药液直接流入咽部或头后仰，鼻孔朝上。单或双侧鼻腔滴药，适于蝶窦炎、后组筛窦炎、鼻炎或急性中耳炎及卡他性中耳炎；侧头位：卧向患侧，头下垂，患侧鼻腔滴药。适于上额窦、额窦、前组筛窦炎。

3）滴管少许插入鼻内，避免接触黏膜而污染药液。

4）滴药，等动物用鼻吸气2～3次，轻按鼻翼、左右摇头数次，使药液均布鼻腔。一般每次2～4滴，一日3～4次。

5）改口呼吸，保持滴药姿势3～5min，充分吸收药液。

6）做低头姿势，多余药液经鼻流出。

7）若需要，换另一鼻孔重复步骤2）～6）。

8）清洁滴管。

9）滴完药液后，15min内尽量不要帮助动物清理鼻液。

2. 鼻喷雾剂操作技术

1）清洁鼻腔。

2）摇匀药液，打开瓶盖（圈夹）。

3）启动：初次使用时，食指与中指放在瓶肩，大拇指放在瓶底，药瓶上举，向空气中喷压药液数次以获得均匀喷雾。

4）头部上倾，使其鼻孔朝天。

5）喷嘴少许插入鼻孔，远离鼻中隔，略朝外侧眼角，以免接触黏膜污染药液或损伤黏膜，另一手需按住对侧鼻孔。

6）快速喷压药液，同时动物用鼻吸气2～3次，使其由口呼气，药物最大限度布满鼻腔。每侧鼻孔1～3喷。

7）喷雾剂移出鼻孔，移出前始终按压住喷雾剂，以免鼻黏膜和细菌进入药瓶。

8）换另一鼻孔重复整个程序，即完成一次喷雾。

9）清洁喷嘴，盖回盖子（或将圈夹推回），垂直放置药瓶。

10）喷完药液后，15min内尽量不要帮助动物清理鼻液。

11）如喷雾剂停用14d以上，则下次使用前需重新启动。

12）不要使用过量或超过规定次数，以免增加不良反应。

【注意事项】

1）缩血管药暂时通畅鼻腔，不久，鼻堵又会出现。连续应用不超过一周，可休息一周后再用，否则易损伤黏膜和导致药物性鼻炎。

2）不要多个动物使用同一滴鼻剂和鼻喷雾剂，防止交叉感染。

3）几种药物同时给药，间隔不少于 3min，以免疗效降低或产生不良反应。先用缩血管药，擤干鼻涕，再用消炎药。

4）幼畜尽量不鼻内给药，以免刺激娇嫩的鼻黏膜。

5）鼻外伤致鼻出血时不要随便鼻内给药，部分病畜会颅内感染，导致严重并发症。

6）任何情况下都不要试图用针或尖锐物品扩大鼻喷雾剂的喷嘴，这样会损坏装置。

7）涂鼻膏直接涂在鼻中隔或鼻翼上，按压鼻翼数次以扩大药膏覆盖区域，每日涂药1～2 次。

8）冬季给药，药液不宜过冷，以免刺激引起眩晕、呕吐等不良反应。

9）喷药姿势不能仰卧。喷药顺序先健鼻后患鼻、先轻后重。

10）在使用鼻内药物时，要注意滴管头不要碰到鼻部，以免污染药液。

【评价标准】

采用不同剂型药物鼻部给药技术操作准确，无刺激及损伤鼻黏膜等现象，手法熟练，能及时对损伤鼻黏膜情况作出正确处理。完成鼻部的局部给药技术操作时间：牛、羊、马 5min，猪 4min，犬 2min。

（加春生）

第三单元 穿刺术与封闭治疗技术

任务一 穿 刺 术

穿刺术是使用特制的穿刺器具（如套管针、骨髓穿刺器等）刺入病畜体腔、脏器内，通过排除内容物或气体，或者注入药液达到治疗目的的治疗技术。也可通过穿刺采集病畜某一特定组织的病理材料，供实验室检验，有助于确诊。但是，穿刺术在实施中有组织损伤，并有引起局部感染的可能，故采用时必须慎重。穿刺器具均应严格消毒，干燥备用，在操作中要严格遵守无菌操作规程和安全措施，才能取得满意的结果。

手术动物一般站立保定，必要时，中小动物可行侧卧保定或全身麻醉，手术部位剪毛、常规消毒。

项目一 腹膜腔穿刺术

【学习目标】

熟练掌握各种动物腹膜腔穿刺术的部位、操作要领、注意事项，并能熟练地运用于临床实践。

【常用术语】

腹膜腔 穿刺针 腹水 积液 膝关节 剑状软骨 注射器 套管针

【概述】

腹膜腔穿刺（abdominocentesis）是指用穿刺针经腹壁刺入腹膜腔的穿刺方法。该法用于原因不明的腹水，穿刺抽液检查积液的性质以协助明确病因；排出腹腔的积液进行治疗；采集腹腔积液，以帮助对胃肠破裂、肠变位、内脏出血、腹膜炎等疾病进行鉴别诊断；腹腔内给药或洗涤腹腔。

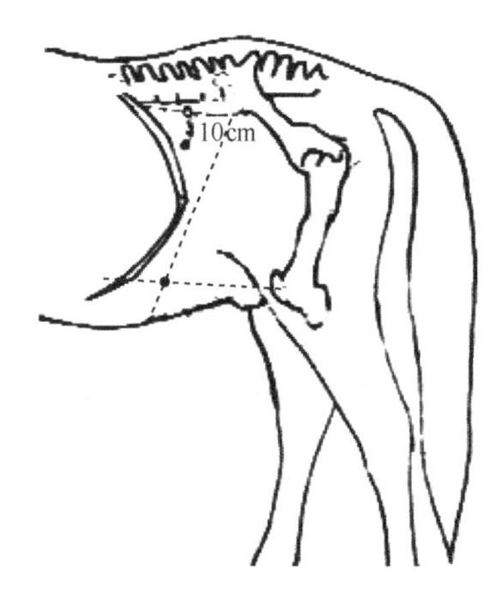

图 3-1 马腹腔穿刺位置图

【专门解剖】

牛、羊在脐与膝关节连线的中点；马在剑状软骨突起后 10～15cm，白线两侧 2～3cm 处（图 3-1）；犬在脐至耻骨前缘的连线中央，白线两侧。

【准备】

1）根据需要可备注射器及相应的注射针头，腹腔注射时可以使用输液瓶（100～500mL），消毒备用。

2）冲洗腹腔药液的温度要接近于体温。

3）大动物采取站立保定，小动物采取平卧位或侧卧位。

【操作技术】

1）动物保定确切后，术部剪毛并且严格消毒。

2）术者左手固定穿刺部位的皮肤并稍向一侧移动皮肤，右手控制套管针（或针头）的深度，垂直刺入腹壁3～4cm，待抵抗感消失时，表示已穿过腹壁层，即可回抽注射器，抽出腹水放入备好的试管中送检。

3）如需要大量放液，可接一橡皮管，将腹水引入容器，以备定量和检查。橡皮管可夹一输液夹以调整放液速度。

4）小动物可采用注射器抽出。放液后拔出穿刺针，无菌棉球压迫片刻，覆盖无菌纱布，胶布固定。

5）洗涤腹腔时，马属动物在左侧肷窝中央；牛、鹿在右侧肷窝中央；小动物在肷窝或两侧后腹部。右手持针头垂直刺入腹腔，连接输液瓶胶管或注射器，注入药液，再由穿刺部排出，如此反复冲洗2～3次。

【注意事项】

1）严格遵守无菌操作常规，穿刺部位在穿刺前应严格消毒，以防感染。

2）刺入深度不宜过深，以防刺伤肠管，穿刺位置应准确，要保定安全。

3）穿刺过程中应注意动物的反应，观察呼吸、脉搏和黏膜颜色的变化，如有特殊变化应立即停止操作，然后再进行适当处理。

【评价标准】

准确找到不同种类动物的腹膜腔穿刺部位，穿刺前要严格消毒，刺入深度要适宜。整个过程均遵守无菌操作规程。穿刺手法熟练，能及时对穿刺液作出正确处理。完成腹膜腔穿刺时间：牛、羊、马4min，猪3min，犬2min。

项目二　胸膜腔穿刺术

【学习目标】

熟练掌握动物胸膜腔穿刺术的临床适应证、穿刺部位、操作要领、注意事项，并能熟练地运用于临床实践。

【常用术语】

胸膜腔　肩关节水平线　胸外静脉　肋间肌　胸腔洗涤液　碘仿火棉胶

【概述】

胸膜腔穿刺（thoracentesis）是指用穿刺针刺入胸膜腔的穿刺方法。临床上主要用于排出胸腔的积液、血液，或洗涤胸腔及注入药液进行治疗；也可用于检查胸腔有无积液，并采集胸腔积液，鉴别其性质，帮助诊断。

【专门解剖】

牛、羊、马在右侧第 6 肋间或左侧第 7 肋间；猪、犬在右侧第 7 肋间与肩关节水平线交点下方 2～3cm 处，胸外静脉上方约 2cm 处。

【准备】

1）根据需要可准备套管针、注射器及相应的注射针头，严格消毒备用。

2）冲洗胸腔药液的温度要接近于体温。

3）动物采取站立保定，以确保保定安全。

【操作技术】

1）家畜采取站立保定，术部剪毛消毒。

2）术者左手将术部皮肤稍向上方移动 1～2cm，右手持套管针，用指头控制套管针穿刺深度为 3～5cm，在靠近肋骨前缘垂直刺入。穿刺肋间肌时有阻力感，当阻力消失而感空虚时，表明已刺入胸腔内。

3）套管针刺入胸腔后，左手把持套管，右手拔去内针，即可流出积液或血液。放液时不宜过急，应用拇指不断堵住套管口，做间断性引流，防止胸腔减压过急，影响心、肺功能，如针孔堵塞引流时，可用内针疏通，直至放完为止。

4）有时放完积液之后，需要洗涤胸腔，可将装有清洗液的输液瓶乳胶管或输液器连接在套管口上（或注射针），高举输液瓶，药液即可流入胸腔，然后将其放出。如此反复冲洗 2～3 次，最后注入治疗性药物。

5）操作完毕，插入内针，拔出套管针（或针头），使局部皮肤复位，术部涂碘伏，用碘仿火棉胶封闭穿刺孔。

【注意事项】

1）严格遵守无菌操作常规，穿刺部位在穿刺前应严格消毒，以防感染并防止空气进入胸腔。

2）排出积液和注入洗涤剂时应缓慢进行，同时注意观察病畜有无异常表现。

3）穿刺时须注意并防止损伤肋间血管与神经。

4）套管针刺入时，应以手指控制套管针的刺入深度，以防过深刺伤心、肺。

5）穿刺过程中遇有出血时，应充分止血，改变位置再行穿刺。

6）需进行药物治疗时，可在抽液完毕后，将药物经穿刺针注入。

【评价标准】

准确找到不同种类动物的胸膜腔穿刺部位，穿刺前要严格消毒，排出积液和注入洗涤剂时应缓慢进行。整个过程均遵守无菌操作规程。穿刺过程中遇有出血时，能正确处理并改变位置再行穿刺。穿刺手法熟练，能及时对穿刺液作出正确处理。完成腹膜腔穿刺时间：牛、羊、马 5min，猪 4min，犬 3min。

项目三　瘤胃穿刺术

【学习目标】

熟练掌握反刍动物瘤胃穿刺给药技术的部位、操作要领、注意事项，并能熟练地运用于临床实践。

【常用术语】

穿刺钳　套管针　瘤胃臌气　瘤胃隆起最高点　髋结节　腰椎横突　鱼石脂酒精　植物油　0.1% 新洁尔灭

【概述】

瘤胃穿刺（rumen puncture）是指用穿刺钳（套管针）穿透瘤胃壁，到达瘤胃腔的穿刺方法。临床上主要用于牛、羊等瘤胃急性臌气时的急救排气和向瘤胃内注入药液。

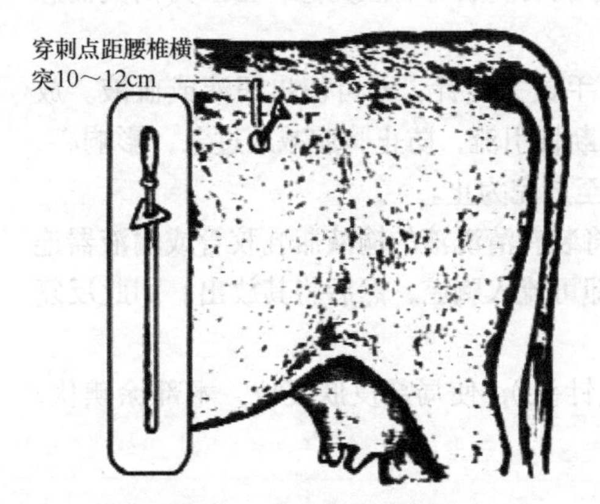

图 3-2　牛瘤胃穿刺图

【专门解剖】

在左侧肷窝部，由髋结节向最后肋骨所引水平线的中点，牛距腰椎横突 10～12cm（图 3-2）、羊 3～5cm 处，也可选在瘤胃隆起最高点穿刺。

【准备】

1）根据需要可准备套管针、注射器及相应的注射针头，严格消毒备用。

2）准备瘤胃内所需注入的药物。常用的止酵剂有：鱼石脂酒精、植物油、0.1% 新洁尔灭等。

3）动物采取站立保定，以确保保定安全。

【操作技术】

1）严格遵守无菌操作常规，穿刺部位剪毛消毒。

2）在穿刺点旁 1cm 处做一小的皮肤切口（有时也可不切口，羊一般不切）。

3）术者左手将皮肤切口移向穿刺点，右手持套管针将针尖置于皮肤切口内，向对侧肘头方向迅速刺入 10～20cm，左手固定套管，用酒精棉球围绕并固定套管针，右手拔出内芯，用手指不断堵住管口，使瘤胃内的气体间断排出。待气体排完后，再行注射。若套管中途堵塞，可插入内芯疏通。疏通后注射药液（常用止酵剂有：鱼石脂酒精、植物油、0.1% 新洁尔灭等）。

4）穿刺完毕，应先插入内芯，用力压住皮肤切口，拔出套管针，消毒创口，皮肤切口进行结节缝合 1 针，涂擦碘伏。

【注意事项】

1）放气速度不宜过快，防止发生急性脑贫血，造成休克。
2）为了防止臌气继续发展，便于下次注射用，可将套管针留置一定时间后再拔出。
3）反复注射时，应防止术部感染。
4）拔针时要迅速，以防瘤胃内容物漏入腹腔导致腹膜炎。

【评价标准】

要注意保定安全，准确找到瘤胃穿刺部位，穿刺准确，放气缓慢。拔针时要迅速，以防瘤胃内容物漏入腹腔导致腹膜炎。整个过程均遵守无菌操作规程。穿刺手法熟练，能及时对穿刺液作出正确处理。完成穿刺时间：牛、羊以 3min 为宜。

项目四　骨髓穿刺术

【学习目标】

熟练掌握动物骨髓穿刺术的部位、操作要领、注意事项，并能熟练地运用于临床实践。

【常用术语】

穿刺针　骨髓腔　骨髓液　胸廓　无菌创巾　2% 利多卡因　骨膜麻醉

【概述】

骨髓穿刺（bone marrow puncture）是指用穿刺针穿入骨髓腔并取出骨髓液的穿刺疗法。骨髓穿刺术是采取骨髓液的一种常见诊断技术。本法主要用于寄生虫学检查（焦虫病、锥虫病）、细菌学检查（骨髓液的细菌培养对败血症较血液培养可获更高的阳性率）、细胞学检查，在形态学上帮助诊断贫血的原因，鉴别诊断白血病等，还可用于骨髓的骨髓细胞学、生物化学的研究。

【专门解剖】

所有动物一般在胸骨。牛是由第 3 肋骨后缘向下引一垂线，与胸骨正中线相交，在交点前方 1.5～2cm。马是由鬐甲顶点向胸骨引一垂线，与胸骨中央隆起线相交，在交点侧方 1cm 处的胸骨上（左、右侧均可）。犬在第 5～7 肋骨各点的中点。

【准备】

1）根据需要可准备穿刺针，严格消毒备用。
2）准备无菌创巾，以便手术中隔离术野。
3）准备 2% 利多卡因以便局部麻醉。

【操作技术】

1）左手固定术部。常规消毒局部皮肤，铺无菌创巾，用 2% 利多卡因做局部皮肤、皮下及骨膜麻醉。

2）将骨髓穿刺针固定器固定在适当长度，用左手拇指和食指固定穿刺部位，右手持针垂直刺入骨面，当针尖接触骨面后则将穿刺针左右旋转。缓缓钻刺骨质，成年马、牛约刺入 1cm，犬及幼畜约 0.5cm，当针尖阻力变小，且穿刺针已固定在骨内时，表示已进入骨髓腔。若穿刺针未固定，应再钻入少许至固定为止，这时可拔出针芯，接上干燥的 10mL 或 20mL 注射器，用适当力度徐徐抽吸，即可抽出骨髓液，可见少量红色骨髓液进入注射器中。骨髓吸取量以 0.1～0.2mL 为宜。若做骨髓液细菌培养，需在留取骨髓液计数和涂片制标本后，再抽吸 1～2mL。

3）将抽取的骨髓液滴于载玻片上，迅速做有核细胞计数及涂片数张，准备做形态学及细菌化学染色检查，如未能抽取骨髓液，可能是针腔被皮肤或皮下组织块堵塞，此时应重新插上针芯，稍加旋转或再钻入少许或退出少许，拔出针芯，如见针芯带有血迹时，再行抽吸即可取得骨髓液。

4）抽吸完毕，将针芯重新插入，左手取无菌纱布置于针孔处，右手将穿刺针拔出，随即将纱布盖于针孔上，并按压 1～2min，再用胶布加压固定。

【注意事项】

1）术前应做凝血时间检查，有出血倾向者操作要慎重。

2）骨髓穿刺时，如遇有坚硬部位不易刺入，或已刺入而无骨髓液吸出时，可改换位置重新穿刺，穿刺达骨膜后，针应与骨面垂直，缓慢旋转进针，持针应稳妥，切忌用力过猛或针头在骨膜上滑动，以防损伤邻近组织和折断针头。刺入骨髓腔后针头应固定不动，对骚动不安的动物还应注意保定。

3）注射器与穿刺针必须干燥，以免发生溶血。

4）抽取骨髓涂片检查时，应缓慢增加负压，当注射器内见血后，应立即停止抽吸，以免骨髓稀释。骨髓液抽出后应立即涂片，否则会很快发生凝固，使涂片失败。

5）如做细胞形态学检查，抽吸液量不宜过多，以免骨髓液稀释，影响有核细胞增生程度判断、细胞计数及分类结果。

【评价标准】

准确找到不同种类动物的骨髓穿刺部位，穿刺方法准确无误，整个过程均遵守无菌操作规程。穿刺过程中遇无骨髓液时，能正确处理并改变位置再行穿刺，严格防止针头折断。穿刺手法熟练，完成骨髓穿刺时间：牛、马 4min，犬 3min。

项目五　喉囊穿刺术

【学习目标】

熟练掌握常见马喉囊穿刺术的部位、操作要领、注意事项，并能熟练地运用于临床实践。

【常用术语】

喉囊　10～12cm 的穿刺针　5～7cm 的穿刺针　3～5cm 的穿刺针　注射器　0.9% 生理盐水　化脓性炎症

【概述】

喉囊穿刺是指用穿刺针穿透马的喉囊的穿刺方法。临床上主要用于诊断和治疗马的喉囊炎或喉囊蓄脓。

【专门解剖】

喉囊仅马属动物具有，是耳咽管的膨大部分，故又称耳咽管憩室。喉囊位于耳根和喉头中间，腮腺的上内侧，环椎翼的前方，下颌支的后方。其穿刺点在马第一颈椎横突起部（环椎翼）中央前外缘 1cm 处（幼驹为 0.5cm 处）。

【准备】

1）根据马匹大小可备 10～12cm 的穿刺针、5～7cm 的穿刺针及 3～5cm 的穿刺针，消毒备用。

2）提前准备好注射器和少许生理盐水，以便判断穿刺针是否刺入喉囊。

3）马采取以头颈下垂伸张姿势站立保定，防止头部左右摆动。

【操作技术】

1）使马以头颈下垂伸张姿势站立保定，防止头部左右摆动。术部剪毛消毒。

2）穿刺点在马第一颈椎横突起部（环椎翼）中央前外缘 1cm 处（幼驹为 0.5cm 处）。用长 10～12cm 的穿刺针与皮肤垂直刺入皮下，然后将针头转向对侧外眼角的方向，慢慢刺入。刺入深度，壮马为 5～7cm，幼驹为 3～5cm。

3）当刺达喉囊膜时会感到微有抵抗，穿破喉囊膜后，则抵抗消失，针下有空虚感，此时可再继续推针 1～2cm，然后拔出穿刺针芯，将穿刺针接上注射器，注入少量生理盐水。此时鼻孔内如有液体流出，则证明刺入部位正确。如鼻孔内或针头内有脓性液体流出，则表示喉囊有化脓性炎症。

【注意事项】

1）严格遵守无菌操作常规，穿刺部位在穿刺前应严格消毒，以防感染。

2）马采取站立保定要确切，防止头部左右摆动。

3）穿刺过程中要判断穿刺针是否在喉囊内，以免引起其他部位的损伤。

【评价标准】

准确找到喉囊穿刺部位，整个过程均遵守无菌操作规程。穿刺时采取站立保定要确切，防止头部左右摆动。要确保穿刺针在喉囊内，以免引起其他部位的损伤。穿刺手法熟练，完成喉囊穿刺时间以 3min 为宜。

项目六　肠 穿 刺 术

【学习目标】

熟练掌握马属动物肠穿刺术的部位、操作要领、注意事项，并能熟练地运用于临床实践。

【常用术语】

腰椎横突　结肠内积气　套管针　注射器

【概述】

肠穿刺（intraintestinal cavity puncture）是指用穿刺针刺入肠腔的穿刺方法。本法常用于马属动物的盲肠或结肠内积气的紧急排气治疗，也可用于向肠腔内注入药液。

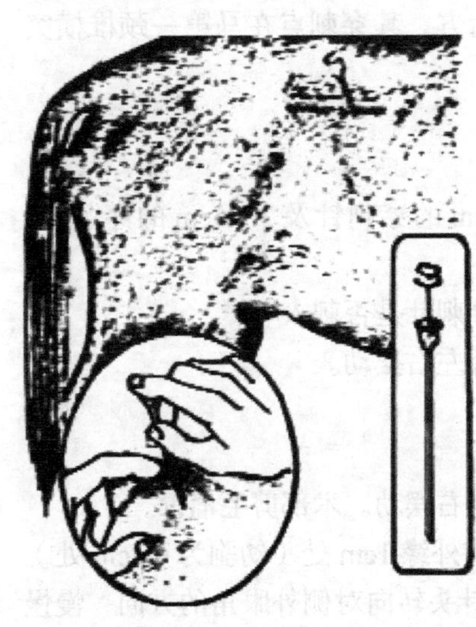

图 3-3　马盲肠穿刺图

【专门解剖】

马盲肠穿刺部位在右侧肷窝的中心，即距腰椎横突 10～15cm 处，或选在肷窝最明显的突起点（图 3-3）。马结肠穿刺部位在左侧腹部膨胀最明显处。

【准备】

1）准备穿刺针，严格消毒备用。

2）提前准备好注入肠腔内的药物。

3）病畜采取站立保定。

【操作技术】

1）病畜站立保定，术部剪毛消毒。

2）必要时，穿刺点先用外科刀切一小口，操作要领同瘤胃穿刺。

3）盲肠穿刺时，右手持套管针向对侧肘头方向刺入 6～10cm，左手立刻固定套管，右手将针芯拔出，让气体缓慢或断续排出，必要时，可以从套管针向盲肠内注入药液。当排气结束时，左手压紧针扎周围皮肤，右手拔出套管针，术部注意清洁消毒。

4）结肠穿刺时，可向腹壁垂直刺入 3～4cm，其他按瘤胃穿刺要领进行。

【注意事项】

1）放气速度不宜过快，防止发生急性脑贫血，造成休克，同时注意观察病畜的表现。

2）根据病情，为了防止臌气继续发展，避免重复穿刺，可将套管针固定，留置一定时间后再拔出。

3）穿刺放气时，应注意防止针孔局部感染。因为放气后期往往伴有泡沫样内容物流出，污染套管口周围并易流进腹腔而继发腹膜炎。

4）经套管注入药液时，注药前一定要确切判定套管仍在肠腔后，方可注入。

【评价标准】

要注意保定安全，准确找到穿刺部位，穿刺准确，放气缓慢。避免重复穿刺，拔针时要迅速，以防泡沫样内容物污染套管口周围并流进腹腔而继发腹膜炎。整个过程均遵守无菌操作规程。穿刺手法熟练，完成穿刺时间以 3min 为宜。

项目七　心包穿刺术

【学习目标】

熟练掌握动物心包穿刺术的操作要领、注意事项，并能熟练地运用于临床实践。

【常用术语】

心包腔　肘突水平线　胸廓　16～18号长针头　2% 利多卡因　血管钳　导液橡皮管　止血钳

【概述】

心包腔穿刺（pericardiocentesis）是指用穿刺针刺入心包腔的穿刺疗法。本方法主要用于排除心包腔内的渗出液或脓液，并进行冲洗和治疗；或采取心包液供鉴别诊断及判断积液的性质与病原。本法在牛的创伤性心包炎的诊断上具有重要意义。

【专门解剖】

牛于左侧第 6 肋骨前缘，肘突水平线上为穿刺部位；犬的穿刺部位在胸腔左侧、胸廓下 1/3 与中 1/3 交界处的水平线与第 4 肋间的交点，见图 3-4。

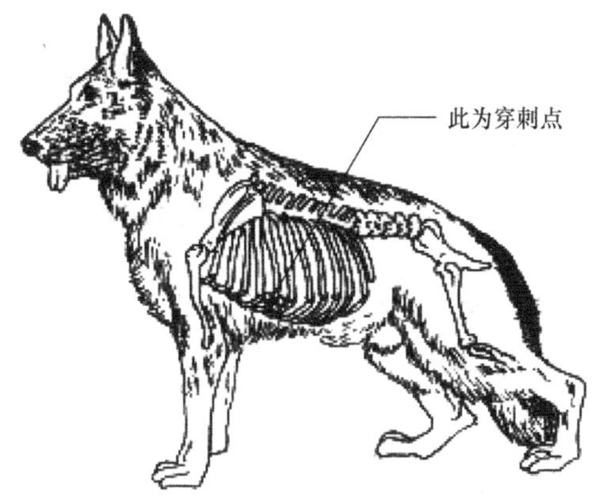

图 3-4　犬心包穿刺图

【准备】

用带乳胶管的 16～18 号长针头，小动物用一般注射针头，大动物采取站立保定，中小动物采取右侧卧保定，使左前肢向前伸半步，充分暴露心区。

【操作技术】

1）常规局部皮肤消毒，术者及助手均戴无菌手套，铺创巾。必要时可用 2% 利多卡因做局部麻醉。

2）术者持针，助手以血管钳夹持与其连接的导液橡皮管，在心尖部进针时，左手将术部皮肤稍向前移动，右手持针沿肋骨前缘垂直刺入 2～4cm，使针自下而上，向脊柱方向缓慢刺入待针尖抵抗感突然消失时，表示针已穿过心包壁层，同时可感到心脏搏动，此时应把针退出少许。

3）助手立即用血管钳夹住针体固定其深度，术者将注射器接于橡皮管上，然后放松橡皮管上的止血钳，缓慢抽吸，记录液量，留少许标本送检，如为脓液需冲洗时，可注入防腐剂，反复冲洗直至液体清亮为止。

4）术毕拔出针后，盖消毒纱布，压迫数分钟，用胶布固定。

【注意事项】

1）严格遵守无菌操作常规，穿刺部位在穿刺前应严格消毒，以防感染。

2）操作要认真细致，杜绝粗暴，否则易造成患畜死亡。

3）必要时可进行全身麻醉，确保安全。

4）术前须进行心脏超声检查，确定液平段大小和穿刺部位，以免划伤心脏。另外，在超声显像指导下进行穿刺抽液更为准确安全。

5）进针时，穿刺速度要缓慢，应仔细体会针尖感觉，穿刺针尖不可过锐，穿刺不可过深，以防损伤心肌。

6）为防止发生气胸，抽液注药前后应将附在针上的胶管折叠压紧。闭合管腔，或在取下空针前夹闭橡皮管，以防空气进入。

7）如抽出液体为血色，应立即停止抽吸，同时助手应注意观察脉搏的变化，发现异常及时处理。

【评价标准】

准确找到不同种类动物的心包穿刺部位，穿刺要准确。抽液注药前后应将附在针上的胶管折叠压紧，以防止发生气胸。整个过程均遵守无菌操作规程。穿刺手法熟练，能及时对穿刺液作出正确处理。完成穿刺时间：牛 3min，犬 2min。

项目八　膀胱穿刺术

【学习目标】

熟练掌握膀胱穿刺术操作技巧、注意事项，并能熟练地运用于临床实践。

【常用术语】

穿刺针　尿闭　耻骨前缘　连有长乳胶管的针头　注射器　防腐剂　抗生素水溶液

【概述】

膀胱穿刺（bladder puncture）是指用穿刺针经腹壁或直肠直接刺入膀胱的穿刺方法。当尿道完全阻塞发生尿闭时，为防止膀胱破裂或尿中毒，进行膀胱穿刺排出膀胱内的尿液，进行急救治疗。

【专门解剖】

大动物可通过直肠穿刺膀胱。猪在耻骨前缘腹白线两侧 1cm 处，其他中小动物在后腹部耻骨前缘，触摸膨胀及有弹性，即为术部，见图 3-5。

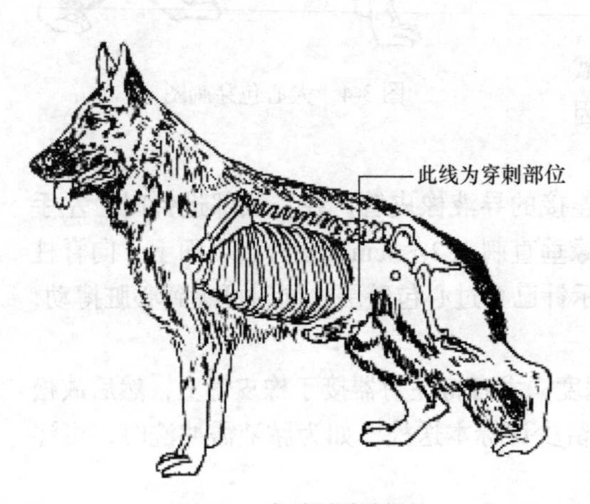

图 3-5　犬膀胱穿刺图

【准备】

连有长乳胶管的针头、注射器。大动物采取站立保定，中小动物侧卧保定，并需进行灌肠排除积粪。

【操作技术】

1. 大动物　术者将连有长乳胶管的针头握于手掌中，手呈锥形缓缓伸入直肠，首先确认膀胱位置，在膀胱充满的最高处，将针头向前下方刺入。然后，固定好针头，尿液即可经乳胶管排出。至尿液排完后，再将针头拔出，同样握于掌中，带出肛门。如需洗涤膀胱时，可经乳胶管另一端注入防腐剂或抗生素水溶液，然后再排出，直至透明为止。

2. 中小动物　侧卧保定，将左或右后肢向后牵引转位，充分暴露术部，于耻骨前缘触摸膨胀、波动最明显处，左手压住局部，右手持针头向后下方刺入，并固定好针头，待排完尿液，拔出针头。术部消毒，涂火棉胶。

【注意事项】

1）严格遵守无菌操作常规，穿刺部位在穿刺前应严格消毒，以防感染。

2）直肠穿刺膀胱时，应充分灌肠排出宿粪。

3）针刺入膀胱后，应握好针头，防止滑脱。

4）若进行多次穿刺时，易引起腹膜炎和膀胱炎，宜慎重。

5）大动物努责严重时，不能强行从直肠内进行膀胱穿刺，必要时给以镇静剂后再行穿刺。

【评价标准】

膀胱穿刺方法要准确。直肠穿刺膀胱时，应充分灌肠排出宿粪。针刺入膀胱后，应握好针头。切勿多次穿刺，易引起腹膜炎和膀胱炎。整个过程均遵守无菌操作规程。穿刺手法熟练，完成穿刺时间：牛、马 4min，犬 3min。

项目九　皮下血肿、脓肿、淋巴外渗穿刺术

【学习目标】

熟练掌握常见动物腹膜腔穿刺术的部位、操作要领、注意事项，并能熟练地运用于临床实践。

【常用术语】

皮下血肿　脓肿　淋巴外渗穿刺　25% 乙醇　3%～5% 碘伏　注射器　消毒药棉

【概述】

皮下血肿（hematoma）、脓肿（abscess）、淋巴外渗（extravasation of lymph）穿刺，是指穿刺针穿入上述病灶的一种穿刺方法。本方法主要用于疾病的诊断和上述病理产物

的清除。

【专门解剖】

一般在肿胀部位下方或触诊松软部位进行穿刺。

【准备】

25% 乙醇，3%～5% 碘伏，注射器及相应针头，消毒药棉等。

【操作技术】

1）常规消毒术部，左手固定患处，右手持注射器使针头直接穿入患处，然后抽动注射器内芯，将病理产物吸入注射器内。在穿刺液性质确定后再行相应处理措施。

2）血肿、脓肿、淋巴外渗穿刺液的鉴别诊断：血肿穿刺液为稀薄的血液；脓肿穿刺液为脓汁；淋巴外渗液为透明的橙红色液体。

【注意事项】

1）严格遵守无菌操作常规，穿刺部位在穿刺前应严格消毒，以防感染。

2）穿刺部位必须固定确实，以免术中骚动或伤及其他组织。

3）在穿刺前需制订穿刺后的治疗处理方案，如血液的清除、脓肿的清创及淋巴外渗治疗用药品等。

4）确定穿刺液的性质后，再采取相应措施（如手术切开等），避免因诊断不明而采取不当措施。

【评价标准】

无论何种穿刺，穿刺部位必须固定确实。整个过程均遵守无菌操作规程。穿刺手法熟练，确定穿刺液的性质后，能正确采取相应措施作出处理。完成每项穿刺时间以 2min 为宜。

任务二 封 闭 疗 法

【学习目标】

熟练掌握常见封闭疗法的适应证、操作要领、注意事项，并能熟练地运用于临床实践。

【常用术语】

病灶周围封闭法　四肢环状封闭法　穴位封闭法　静脉内封闭法　腰部肾区封闭法　胸膜上封闭疗法　颈后部交感神经节封闭疗法　颈部迷走神经干封闭疗法　盆神经封闭法

【概述】

封闭疗法是使用不同浓度和剂量的普鲁卡因溶液（在炎症时，尚可加入青霉素粉剂），注入一定部位的组织或血管内，以改变神经的反射兴奋性，促进中枢神经系统机能恢复正常，改善组织营养，促进炎症修复过程。

【准备】

1）根据不同的封闭疗法，准备相应的药物。

2）根据不同的封闭疗法，动物保定要确切。

【操作技术】

1. 病灶周围封闭法　将0.25%～0.5%盐酸普鲁卡因溶液，分数点注入病灶周围的皮下与肌肉深部，使普鲁卡因药液包围整个病灶，药量以能达到浸润麻醉的程度即可，每天或隔天1次。

为了提高疗效，可于药液内加入50万～100万IU青霉素，本法常用于治疗创伤、溃疡、急性炎症等，乳房炎时可将药液注入于乳房基部的周围。注意勿将针头刺入脓腔内或血管中。

2. 四肢环状封闭法　将0.25%～0.5%盐酸普鲁卡因溶液，注射于四肢病灶上方3～5cm处的健康组织内，分别在前、后、内、外从皮下到骨膜进行环状分层注射药液，剪毛消毒后，与皮肤成45°角或垂直刺入皮下，先注射适量药液，再横向推进针头，一面推一面注射药液，直达骨膜为止。拔出针头，再以同样方法环绕患肢注射数点，注入所需量的药液。用量应根据部位的粗细而定，每天或隔天1次。要注意的是，注射时应注意针头勿损伤较大的神经和血管。适用于四肢和蹄部的炎症疾病及慢性溃疡等。

3. 穴位封闭法　在针灸穴位上进行封闭注射。临床上常用0.25%～0.5%盐酸普鲁卡因溶液注入抢风穴或巴山穴。分别治疗前肢或后肢疾病，每天1次，连用3～5次。具体操作是剪毛消毒后，用连接胶管的封闭针头于皮肤垂直刺入4～6cm深，回抽不见血液后，即可缓慢注入药液。要注意定准穴位，深度适当，防止针头折断。

4. 静脉内封闭法　将普鲁卡因溶液注入静脉内，使药物作用于血管内壁感受器以达到封闭目的，疗法与一般静脉注射法相同，但注入速度要缓慢。有的动物注射后，出现暂时兴奋，但多数表现沉郁，常站立不动，垂头，眼半闭，不久即恢复正常。一般用0.1%～0.25%普鲁卡因生理盐水，中等体型的牛、马每次用量100～200mL，每2d一次，连用3～4次。本法适用于蜂窝织炎顽固性水肿、久不愈合的创伤、风湿症、化脓性炎症、乳房炎、马急性胃扩张及过敏性疾病等。

5. 腰部肾区封闭法　将盐酸普鲁卡因溶液注入肾脏周围脂肪囊中。封闭肾区神经丛。牛在右侧进行，针刺点在最后肋骨与第一腰椎横突之间（或在第一、二腰椎之间），从横突末端向背中线退1.5～2cm作为刺入点，垂直刺入，深8～11cm，注入0.25%盐酸普鲁卡因溶液200～300mL；马用长约12cm的针头，于左侧最后肋骨的后缘1～5cm，距背中线8～10cm处深刺，深度与牛相同。临床上常用于化脓性炎症、创伤、蜂窝织炎、去势后水肿、牛的瘤胃积食、胎衣不下、化脓性子宫内膜炎等疾病的治疗。

6. 胸膜上封闭疗法 本法用于腹部神经及腰部交感神经干的封闭。用右手食指寻找最后肋骨的前缘，继续沿肋骨至背最长肌。压迫此部检查背髂肋肌与背最长肌的凹沟，最后肋骨的前缘与此凹沟的交叉点即为刺入点。可用长10～12cm、直径1.5mm的消毒针头，以水平线为标准成30°～35°角刺入。垂直地向肋骨前缘推动，抵至椎体。此时针头位于腰小肌起始点与椎体之间，可通过触摸来测定位置是否准确，针前端位于椎体时，针内无血液回流现象，抽不出胸膜腔内的空气。确定针头已扎入正确位置后，可将针端稍离开椎体并与椎体腹侧面呈平行方向徐徐注入药液，直至溶液自由地流入肋膜上结缔组织内时为止。

为准确掌握术式，应用初期可在每侧作两个刺入点。马在第17和第18肋骨的前方，牛在第12和第13肋骨的前方。马和牛胸膜上封闭的剂量，每千克体重可注射0.5%普鲁卡因溶液0.5mL或0.25%普鲁卡因溶液1mL（等量在两侧注射）。每匹马每次用普鲁卡因的总量不得超过2g。本法对膀胱炎、痉挛疝、风湿性蹄叶炎、去势后的并发症、肠臌气、肠闭结以及胃扩张等都有很好的疗效，对于预防和治疗手术后发生的腹膜炎也有良好效果。

7. 颈后部交感神经节封闭疗法 封闭时，行站立保定。在第7颈椎横突的垂直线和由第1肋骨上1/3处所引与背中线相平行的线的交叉点即为刺入点，向第1肋骨倾斜着刺入。纯种大马及特别肥胖的马刺入3～4cm深，一般小马及较瘦的马刺入2～3cm即可。常用0.5%的普鲁卡因生理盐水溶液，每次150～350mL，每5～6d注射1次，可以两侧同时注射。本法对于肺部的炎症过程，如小叶性肺炎和大叶性肺炎等，能取得显著效果。

8. 颈部迷走神经干封闭疗法 动物站立保定，于颈中上部，颈静脉的上方，刺入4～8cm深。千万不要伤及颈动脉与颈静脉。过深时，可影响对侧神经，使肺部病变恶化，甚至引起死亡（不能两侧同时注射）。先注入0.25%普鲁卡因溶液50mL，将针抽出，沿颈部往下稍斜刺入5～7cm。再注射1次，溶液的浓度和剂量与第1次相同。必要时，1～2d后再于对侧颈部注射1次。

本法在临床上可用于治疗肺水肿、胸膜炎、支气管肺炎、大叶性肺炎、急性肺炎等，并可用于预防胸、腹腔手术时的休克。

9. 盆神经封闭法 在荐椎最高点（第3荐椎棘突）两侧6～8cm处用长封闭针（10～12cm）垂直刺破皮肤后，以55°角由外上方向内下方进针，当针尖到达荐椎横突边缘后，将封闭针角度稍加大，针尖向外移，沿荐椎横突侧面穿过荐坐韧带1～2cm，即到达盆腔神经丛附近。每千克体重注入0.25%～0.5%普鲁卡因溶液1mL，分别在两侧注射，每隔2～3d一次。

本法主要用于治疗子宫脱出、阴道脱出和直肠脱出，或上述各器官的急慢性炎症及其脱垂的整复手术。

【注意事项】

1）做好保定工作，防止针头折入肌肉。术部剃毛、消毒，防止感染。

2）配制溶液时，最好能做到无菌操作。注射溶液最好加热到体温温度。

3）封闭局部炎症疾病时，加入适量青霉素粉剂将会提高疗效，但在加入青霉素时，不可用0.5%以上浓度的普鲁卡因溶液，因青霉素一遇到较浓的普鲁卡因溶液，即变为长条状的结晶，而不溶解。

4）在操作中，第1肋骨往往不易找到，如将病畜的前腿往后回一下，就可摸到。

【评价标准】

确实做好保定工作，防止针头折入肌肉。术部剃毛、消毒，防止感染。封闭手法熟练，完成每项封闭以3min为宜。

（张学强）

第四单元 冲洗治疗技术

任务一 洗眼与点眼技术

项目一 洗 眼 法

【学习目标】

熟练掌握常见动物洗眼技术的操作要领、注意事项，并能熟练地运用于眼内异物、结膜炎、角膜炎等眼病的临床治疗，了解洗眼药的种类及其适应证。对洗眼过程中的突发事件能够及时作出判断及正确处理。

【常用术语】

保定 眼睑 冲洗器 洗眼瓶 洗眼药

【概述】

洗眼法是眼科外治方法，使用清水、淡盐水或洗眼药冲洗结膜囊，除去结膜囊内异物、炎性渗出物、细菌等，可以避免眼部感染，减少对眼的损害。

洗眼法主要应用于睑腺炎脓肿排脓、清除眼吸吮线虫、清除眼内异物、眼炎等各种眼病，特别是结膜囊内异物、脓性分泌物、结膜炎、角膜炎、溅入酸碱化学物、手术前及角膜染色检查时。

【专门解剖】

眼睑位于眼球前面，分为上眼睑和下眼睑。

【准备】

1. 护士（兽医师）准备 衣帽、口罩、手套、保定器材。

2. 用品准备 洗眼器、洗眼瓶、胶头吸管、一次性 20mL 注射器、搪瓷盘、消毒棉球及纱布等。

3. 洗眼药准备 2%～4% 硼酸溶液、0.1%～0.3% 高锰酸钾溶液、0.1% 雷夫奴尔溶液、0.9% 氯化钠溶液等。

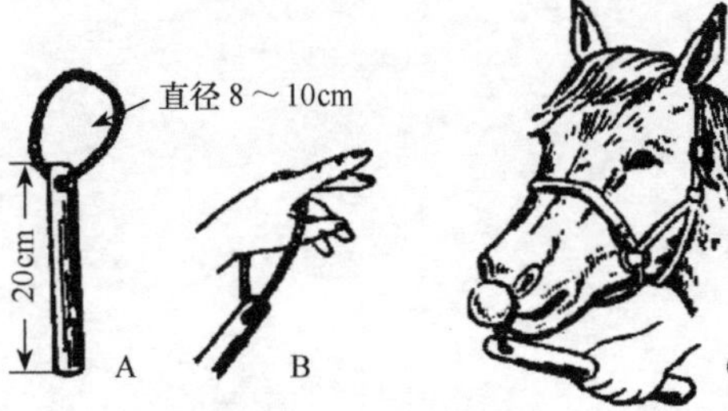

图 4-1 马鼻捻子保定方法
A. 鼻捻棒；B. 绳套夹于指间的姿势；C. 拧紧上唇

4. 保定动物 牛采用柱栏内站立保定结合鼻钳子保定或采用角桩保定，助手握着牛角固定头部；马采用柱栏内站立保定结合鼻捻子或耳夹子保定，助手抓住马笼头进行固定头部（图 4-1）；羊采取握角骑跨夹持保定或角桩保定，还可以采用倒卧保定，尤其是针对没有角的羊进行保定；中大猪采用绳套保定结合徒手站立保定或倒卧保定，小猪采用网架、保定架保定或倒卧保定，助手对猪头部进行固定；犬采用扎口保定或口笼保定结合站立或侧卧保定，助手把住犬头部使犬体稳定；猫采用侧卧保定、猫袋保定或侧卧保定，将猫头固定。

【操作技术】

将动物保定并固定头部后在头下方放置一水桶，然后术者用一手的拇指与食指翻开患病眼的上下眼睑或者用两手的拇指打开眼睑充分显露眼结膜，使眼内异物、炎性分泌物等充分显现（图4-2和图4-3）。接下来，术者手持冲洗器距离眼2～3cm，使其前端斜向内眼角，先冲洗患眼侧的颊部皮肤，然后再对患眼进行冲洗，徐徐向结膜上灌注药液冲洗眼内分泌物，由内向外进行冲洗，液体不能直接冲洗角膜上。或用细胶管由鼻孔插入鼻泪管内，从胶管游离端注入洗眼药液，更有利于洗去眼内的分泌物和异物。如冲洗不彻底时，可用硼酸棉球轻拭结膜囊。冲洗完毕后，用棉球蘸干患眼周围及其他部位皮肤。

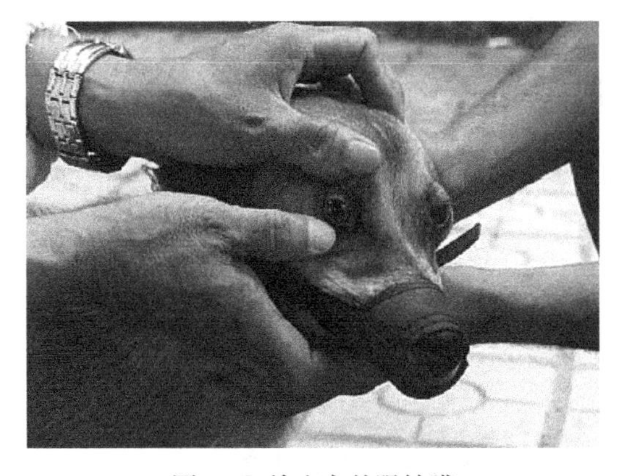

图4-2　检查犬的眼结膜

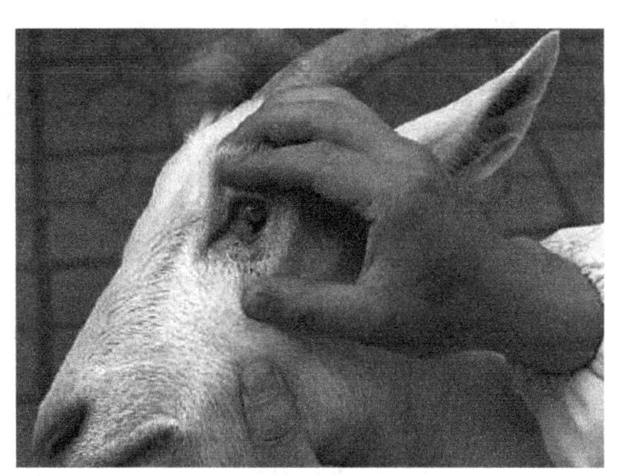

图4-3　检查羊的眼结膜

一般冲洗后向眼内滴加眼药水或眼药膏。

【注意事项】

1）保定动物时充分考虑动物福利及治疗者的人身安全。根据不同动物、同种动物的不同性情及驯化程度，选择适当的保定方式。

2）冲洗时，要注意观察动物骚动不安的规律，冲洗器绝不要接触眼睛。持冲洗器的手可以与动物头部某一点接触，可以有效避免损伤眼角膜和使动物眼睛感染。

3）冲洗要彻底，冲洗药要充足。冲洗时仔细检查，确保异物冲洗干净，确定眼内冲洗充分。

4）每天对冲洗的病眼进行认真检查，对不需要冲洗的及时停止冲洗。

5）对较严重的眼病，冲洗后必须根据实际情况投给点眼药。

6）操作时，注意动物的心跳、呼吸等生理指标，尤其针对烈性动物，当某项生理指标出现异常时，立刻停止冲洗，待动物机体恢复正常后，再确定治疗方案进行治疗。

7）冲洗液温度要适宜，以手背耐受为佳。

8）冲洗器口端与眼的距离不要太近或太远，避免污染或冲洗压力太大。如果是眼内异物、酸碱化学物时，需要有一定的冲力，距离可适当远些。

9）眼部有穿透伤及角膜溃疡时，不可冲洗，避免将结膜囊内异物、细菌及分泌物冲洗到眼内。

10）小型温顺动物洗眼时，尽量采取仰卧位，助手将头部固定后可便于冲洗。

11）经诊断，疑似传染性疾病引起的眼病时，不要将冲洗液流到健康的眼睛，使用过的器皿、材料要严格消毒处理。

12）没有洗眼器时，可以用胶头滴管、一次性20mL注射器代替。

【评价标准】

准备工作充分，详细检查患畜，保定确实，操作规范、熟练，与老师或其他同学沟通自然。

项目二　点　眼　法

【学习目标】

熟练掌握常见动物点眼操作要领、注意事项，并能熟练地运用于眼内异物的后续治疗，以及结膜炎、角膜炎等眼病的临床治疗，了解点眼药的种类及其适应证。对点眼过程中的突发事件能够及时作出判断及正确处理。

【常用术语】

保定　眼睑　点眼药　眼药水　眼药膏

【概述】

点眼法是眼科常见的预防、治疗、协助检查和诊断眼部疾病的方法之一。

点眼法主要应用于睑腺炎初期、眼内异物、眼炎等各种眼病，特别是结膜炎、角膜炎等炎症性疾病的治疗。

【专门解剖】

眼睑内面是睑结膜，睑结膜经折转后在巩膜前部的部分称为球结膜。在睑结膜与球结膜之间的隙裂称为结膜囊。

【准备】

1. 护士（兽医师）准备　衣帽、口罩、手套、保定器材。

2. 点眼器械　无菌胶头吸管、一次性20mL注射器、点眼药瓶等。

3. 点眼药　0.5%硫酸锌溶液、3.5%盐酸可卡因溶液、0.5%阿托品溶液、0.1%盐酸肾上腺素溶液、0.5%锥虫黄甘油、2%～4%硼酸溶液、1%～3%蛋白银溶液、2%～3%黄降汞软膏、10%敌百虫眼膏、氯霉素眼膏、红霉素眼膏、土霉素眼膏等。

4. 保定动物　牛采用柱栏内站立保定结合鼻钳子保定或采用角桩保定，助手握着牛角固定头部；马采用柱栏内站立保定结合鼻捻子或耳夹子保定，助手抓住马笼头进行固定头部；羊采取握角骑跨夹持保定或角桩保定，尤其是针对没有角的羊进行保定；中大猪采用绳套保定结合徒手站立保定，小猪采用网架、保定架保定，助手对猪头部进行固定；犬采用扎口保定或口笼保定结合站立或侧卧保定，助手把住犬头部使犬体稳定；猫采用侧卧保定或猫袋保定，将猫头按住。

5. 眼药的准备　严格检查眼药的药名、生产日期、性状，观察药物是否变质，查看药物说明，严格按说明正确使用。

【操作技术】

术者左手食指向上推上眼睑，用拇指和中指捏住下眼睑，向外下方牵引，使下眼睑呈一囊状，右手拿点眼药瓶或已经吸取药液的注射器，靠在外眼角眶上，斜向内眼角，将药液滴入眼内，闭合眼睑，用手轻轻按摩1～2下，以防药液流出，并促进药液在眼内扩散，强制闭合眼睑2～3min。如用眼膏时，可用玻璃棒一端蘸眼膏，横放在上下眼睑之间，闭合眼睑，抽去玻璃棒，眼膏即可留在眼内，用手轻轻按摩1～2下，以防流出。或直接将眼膏挤入结膜囊内。犬的点眼给药方法见图4-4。

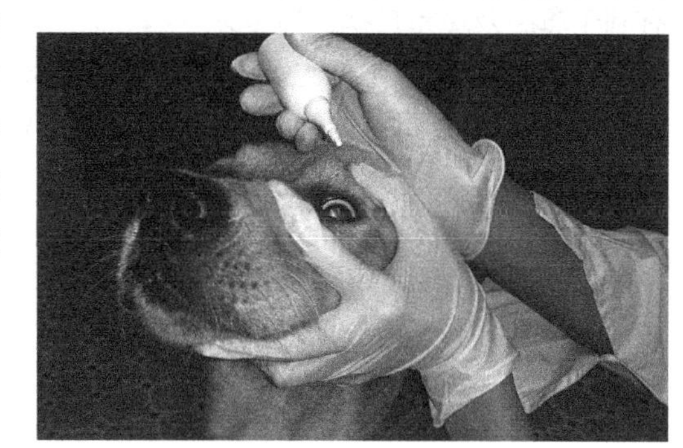

图4-4　犬点眼给药

【注意事项】

1）点眼药不要点在伤口和角膜上。

2）每次点1～2滴即可。

3）点眼时，滴管不要接触眼睑和睫毛。

4）需要使用两种以上点眼药水时，点药后间隔3～5min再点另一种。

5）一般消炎点眼药水每天点药3～6次，急性结膜炎时需要增加点药次数，可每半小时1次。

6）需要使用点眼药水与点眼药膏时，应先点眼药水，待5min后再点眼药膏。

7）使用眼药水或眼药膏前要认真阅读药物说明书。

8）点眼前再次核实药物标签，用完后放到固定位置，切记不要将眼药与其他外用药混放在一起，避免拿错、用错。

9）点眼前用棉球拭去眼中过量的分泌物并吸去局部泪液，以确保药物浓度。

【评价标准】

准备工作充分，详细检查患畜，保定确实，操作规范、熟练，与老师或其他同学沟通自然。

任务二　鼻腔与口腔冲洗技术

项目一　鼻腔冲洗技术

【学习目标】

熟练掌握常见动物鼻腔冲洗操作要领、注意事项，并能熟练地运用于鼻炎，特别是慢性鼻炎的临床治疗，了解冲洗药的种类及其适应证。对鼻腔冲洗过程中的突发事件能够及时作出判断及正确处理。

【常用术语】

保定 鼻腔冲洗液

【概述】

鼻腔冲洗技术是治疗鼻腔及鼻窦疾病的一种常规方法。是将生理盐水等其他冲洗液直接作用于鼻腔内黏膜，通过液体将鼻腔内脓痂、黏稠分泌物和细菌等冲洗掉，营造鼻腔内较佳的生理环境，减轻或消除鼻腔炎性反应，同时使鼻腔内气流通畅，吸气顺畅，有利于鼻腔及鼻窦疾病的康复。

鼻腔冲洗应用在鼻腔及鼻窦的各种疾病的治疗中，主要包括急慢性鼻炎、鼻窦炎、鼻腔术后等情况，同时还可以应用于感冒等疾病的辅助治疗。

【专门解剖】

鼻前端有鼻孔与外界相通，后端有鼻后孔与咽相通。鼻腔中间的鼻中隔将鼻腔分为左、右两个鼻腔，鼻腔的入口称为鼻孔，鼻腔前部有皮肤、表面有毛的部分是鼻前庭。

【准备】

1. 护士（兽医师）准备 衣帽、口罩、手套、保定器材、治疗盘（碘伏、棉签、弯盘）、水桶。

2. 冲洗器械 无菌胶头吸管、一次性20mL注射器、冲洗器、连橡胶管的漏斗、连有橡胶管的注射器、胶头吸管。

3. 冲洗药 生理盐水、2%硼酸溶液、0.1%高锰酸钾溶液、0.1%雷夫奴尔溶液等。

4. 保定动物 牛采用柱栏内站立保定结合鼻钳子保定或采用角桩保定，助手握着牛角固定头部，使牛头向前倾；马采用柱栏内站立保定结合鼻捻子或耳夹子保定，助手抓住马笼头进行固定头部向前倾；羊采取握角骑跨夹持保定或角桩保定，尤其是针对没有角的羊进行保定；中大猪采用绳套保定结合徒手站立保定，小猪采用网架、保定架保定，助手固定猪头部并向前倾；犬采用扎口保定或口笼保定结合站立或侧卧保定，助手把住犬头部使犬体稳定；猫采用侧卧保定或猫袋保定，将猫头按住，并向前倾。

【操作技术】

将患畜保定好头部后，在前倾的头下方放置水桶或其他盛水的容器，将鼻腔冲洗器的一端插入冲洗液的瓶中，另一端轻轻地试探着插入症状较严重的一侧鼻前庭，用手按压冲洗器，使药液缓缓进入鼻腔，液体可经另一侧鼻腔或口腔流出，冲完一侧再冲另一侧，两侧交替进行。

【注意事项】

1）保定要确实，保证动物及操作者的安全。

2）一定要先冲洗较严重的鼻腔，如果两侧鼻腔症状均较严重的病例，则避免冲洗一侧时，误将冲洗液灌入咽鼓管。

3）冲洗时，必须保证患畜头部低下，固定确实，冲洗时不要压力太大，不要引起误咽。

4）冲洗时一定不要使用强刺激性药物和腐蚀性药物冲洗。

【评价标准】

准备工作充分，详细检查患畜，保定确实，操作规范、熟练，与老师或其他同学沟通自然。

项目二　口腔冲洗技术

【学习目标】

熟练掌握常见动物口腔冲洗操作要领、注意事项，并能熟练地运用于口炎、舌及牙齿疾病的治疗，了解冲洗药的种类及其适应证。对口腔冲洗过程中的突发事件能够及时作出判断及正确处理。

【常用术语】

保定　口腔

【概述】

口腔冲洗技术是治疗口腔疾病的一种主要辅助方法，是将冲洗液直接作用于口腔内黏膜，将口腔内炎性分泌物、异物冲洗掉。

口腔冲洗技术应用在口炎、舌及牙齿疾病的治疗，也用于口腔内异物的排除。大多数动物抗拒口腔冲洗。

【专门解剖】

口腔是动物消化器官的起始部分，其内有一层黏膜，表面光滑、湿润，呈粉红色，后口通咽。

【准备】

1．护士（兽医师）准备　衣帽、口罩、手套、保定器材、治疗盘（碘伏、棉签、弯盘）、水桶。

2．冲洗器械　无菌胶头吸管、一次性20mL注射器、冲洗器、连橡胶管的漏斗、连橡胶管的注射器、胶头吸管。

3．冲洗药　2%～3%食盐水、0.1%高锰酸钾溶液、2%明矾溶液、鞣酸溶液、碘甘油、2%龙胆紫溶液等。

4．保定动物　牛采用柱栏内站立保定结合鼻钳子保定或采用角桩保定，助手握着牛角固定头部，使牛头向前倾；马采用柱栏内站立保定结合鼻捻子或耳夹子保定，助手抓住马笼头进行固定头部向前倾；羊采取握角骑跨夹持保定或角桩保定，尤其是针对没有角的羊进行保定；中大猪采用绳套保定结合徒手站立保定，小猪采用网架、保定架保定，助手固定猪头部并向前倾；犬采用扎口保定或口笼保定结合站立或侧卧保定，助手把住犬头部使犬体稳定；猫采用侧卧保定或猫袋保定，将猫头按住，并向前倾。牛的开口法见图 4-5，马的开口法见图 4-6，犬的开口法见图 4-7。

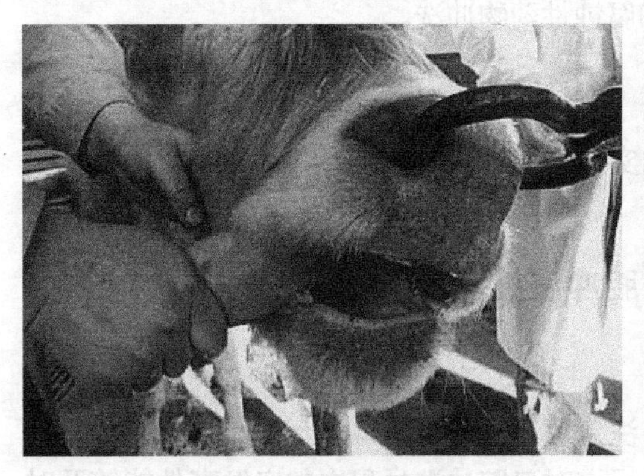

图 4-5 牛的开口法

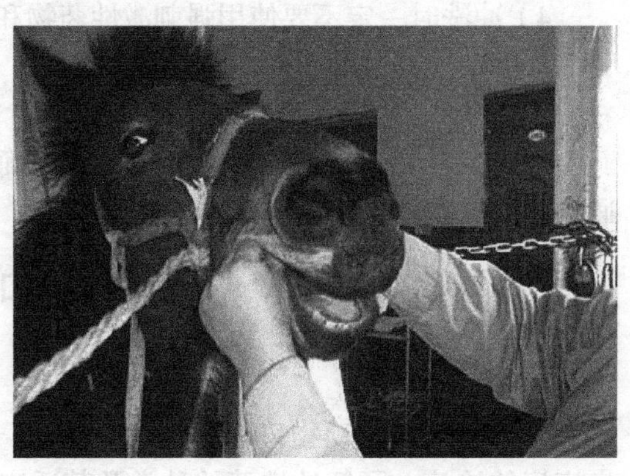

图 4-6 马的开口法

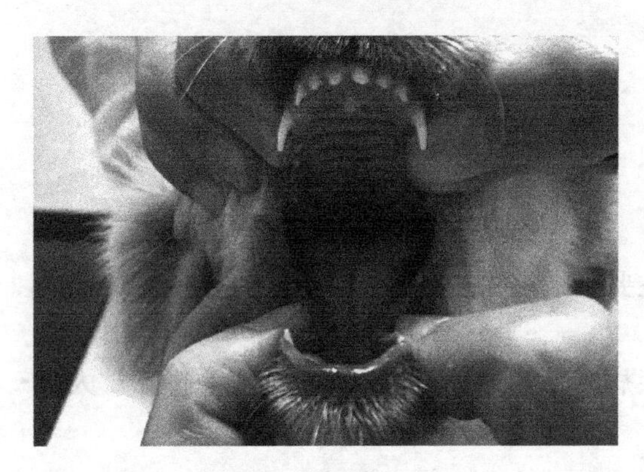

图 4-7 犬的开口法

【操作技术】

将患畜确实保定并固定头部，在口下方放置水桶或其他盛水的容器，一手将冲洗器橡胶管一端从口角伸入口腔，并把橡胶管固定在口角上，另手将加温过的冲洗药液的漏斗（小吊桶可挂在柱栏上）举起，超过牛口腔的高度，药液即可流入口腔，连续冲洗。

对中小动物进行口腔冲洗时，也可将冲洗器换成注射器进行冲洗。

【注意事项】

1）保定要确实，保证动物及操作者的安全，尤其是犬、猫等烈性动物。

2）将冲洗液稍加温，使用较温和的冲洗药液进行冲洗。

3）需要进行口腔冲洗时，插入口腔内的橡胶管，不要太深，防止造成冲洗液误咽或将橡胶管咬碎。

4）一般冲洗完口腔后，口腔内需要涂抹抗生素软膏、冰硼散、青黛散等局部治疗性药物。

【评价标准】

准备工作充分，详细检查患畜，保定确实，操作规范、熟练，与老师或其他同学沟通自然。

任务三 阴道与子宫冲洗技术

项目一 阴道冲洗技术

【学习目标】

熟练掌握常见动物阴道冲洗操作要领、注意事项，并能熟练地运用于阴道炎的治疗，了解冲洗药的种类及其适应证。对阴道冲洗过程中的突发事件能够及时作出判断及正确处理。

【常用术语】

保定　阴道消毒药

【概述】

阴道冲洗技术是治疗阴道炎症的一种重要方法，是将冲洗药液直接作用于阴道内黏膜，将阴道内炎性分泌物、异物冲洗掉，起到净化阴道的目的。

阴道冲洗技术应用在阴道炎的预防和治疗中，也用于阴道内异物的排除、阴道脱出的辅助治疗。

【专门解剖】

阴道是动物进行交配的器官和产道。马、牛的阴道壁较厚，比较宽阔。

【准备】

1. 护士（兽医师）准备　衣帽、口罩、手套、保定器材、治疗盘（碘伏、棉签、弯盘）、水桶。

2. 冲洗器械　开膣器、橡胶管、子宫冲洗管、洗涤器、20mL 注射器、漏斗。

3. 冲洗药　生理盐水、5%～10% 葡萄糖溶液、0.1% 雷夫奴尔溶液、0.1%～0.5% 高锰酸钾溶液、抗生素及磺胺类制剂等。

4. 保定动物　牛采用柱栏内站立保定结合两后肢保定，见图 4-8，将牛尾吊起系到柱栏上；马采用柱栏内站立保定结合两后肢保定，将马尾拉向一侧；羊采取握角骑跨夹持保定或角桩保定，尤其是针对没有角的羊进行保定；中大猪采用绳套保定结合徒手站立保定，也可以在产床上进行，小猪采用网架、保定架保定；犬采用扎口保定或口笼保定结合站立或侧卧保定；猫采用侧卧保定或猫袋保定。

图 4-8　牛后肢保定

【操作技术】

1. 牛的阴道冲洗　先使用清水、肥皂将外阴部充分洗净，而后插入开膣器开张阴道，术者戴长臂手套将一端已经连好漏斗的橡胶管插入阴道，将已经配好接近牛体温的冲洗液经漏斗冲入阴道内，经反复冲洗，冲洗液完全排除并透明为止，用手将消毒药或收敛药涂抹到阴道黏膜上，对较重者也可直接塞入浸渍抗生素软膏的棉塞。

2. 马的阴道冲洗　同牛的阴道冲洗。

3. 羊的阴道冲洗　将羊进行徒手站立保定，先使用清水、肥皂将外阴部充分洗净，而后插入开膣器开张阴道，将一端已经连好漏斗的橡胶管插入阴道，将已经配好接近体温的冲洗液冲入阴道内，待冲洗液完全排除后，用手将消毒药或收敛药涂抹到阴道黏膜上，对较重者也可直接塞入浸渍抗生素软膏的棉塞。

4. 猪的阴道冲洗 同羊的阴道冲洗。

5. 犬的阴道冲洗 同羊的阴道冲洗。

6. 猫的阴道冲洗 同羊的阴道冲洗。

【注意事项】

1）保定要确实，保证动物及操作者的安全。

2）操作动作要轻柔，避免损伤阴道黏膜。

3）不要使用具有强刺激性或腐蚀性的冲洗药物。

【评价标准】

准备工作充分，详细检查患畜，保定确实，操作规范、熟练，与老师或其他同学沟通自然。

项目二 子宫冲洗技术

【学习目标】

熟练掌握常见动物子宫冲洗操作要领、注意事项，并能熟练地运用于子宫颈炎、子宫内膜炎、子宫积脓等病的治疗，了解冲洗药的种类及其适应证。对子宫冲洗过程中的突发事件能够及时作出判断及正确处理。

【常用术语】

保定 子宫

【概述】

子宫冲洗技术是治疗子宫内膜炎症的一种重要方法，是将冲洗药液直接作用于子宫内黏膜，将子宫内炎性分泌物、异物冲洗掉，起到净化子宫的目的。

子宫冲洗技术应用在子宫内膜炎的预防和治疗中，也用于子宫脱出等病的辅助治疗。

【专门解剖】

子宫是胎儿发育的地方，分为子宫角、子宫体和子宫颈三个部分。子宫颈外口与阴道相通，子宫颈内口与子宫体相通。

【准备】

1. 护士（兽医师）准备 操作者将手洗干净，并进行一般消毒处理。

衣帽、口罩、手套、保定器材、治疗盘（碘伏、棉签、弯盘）、水桶。

2. 冲洗器械 开膣器、橡胶管、子宫冲洗管、洗涤器、20mL 注射器、漏斗。

3. 冲洗药 生理盐水、5%～10% 葡萄糖溶液、0.1% 雷夫奴尔溶液、0.1%～0.5% 高锰酸钾溶液、抗生素及磺胺类制剂等。

4. 保定动物 牛采用柱栏内站立保定结合两后肢保定，将牛尾吊起系到柱栏上；马采用柱栏内站立保定结合两后肢保定，将马尾拉向一侧；羊采取握角骑跨夹持保定或角桩保定，尤其是针对没有角的羊进行保定；中大猪采用绳套保定结合徒手站立保定，也可以在产床上进行，小猪采用网架、保定架保定；犬采用扎口保定或口笼保定结合站立或侧卧保定；猫采用侧卧保定或猫袋保定。

【操作技术】

母畜的子宫颈口只有发情时开张，只有此时才能进行投药或子宫冲洗，经诊断，必须进行子宫冲洗或投药，而子宫颈还没有开放时，首先应用雌激素，经注射几小时后，子宫颈即开放，可以进行子宫投药或子宫冲洗。

1. 牛的子宫冲洗 将牛在保定栏内站立保定，对两后肢进行简易保定，先使用清水、肥皂将外阴部充分洗净，先用颈管钳子钳住子宫外口左侧下壁，拉向阴唇附近。然后依次应用由细到粗的颈管扩张棒，插入颈管使之扩张，再插入子宫冲洗管。通过直肠检查确认冲洗管已插入子宫角内之后，用手固定好颈管钳子与冲洗管。然后将洗涤器的胶管连接在冲洗管上，可将药液注入子宫内，当漏斗里的药液将要流完时，将漏斗端放低，借助虹吸现象，使子宫内液体自动流出，如此反复冲洗，当流出的液体与注入前颜色一致时，即冲洗干净。每次冲洗的药液量为500～1000mL，对子宫冲洗后向子宫内注入20～40mL抗菌防腐药液。

2. 马的子宫冲洗 同牛的子宫冲洗。

3. 羊的子宫冲洗 将羊进行徒手站立保定，先使用清水、肥皂将外阴部充分洗净，先用颈管钳子钳住子宫外口左侧下壁，拉向阴唇附近。然后依次应用由细到粗的颈管扩张棒，插入颈管使之扩张，再插入子宫冲洗管。然后将洗涤器的胶管连接在冲洗管上，可将药液注入子宫内，边注入边排除（另侧子宫角也同样冲洗），直到排出液透明为止。

4. 猪的子宫冲洗 同羊的子宫冲洗。

5. 犬的子宫冲洗 同羊的子宫冲洗。

6. 猫的子宫冲洗 同羊的子宫冲洗。

【注意事项】

1）操作过程要认真，禁止动作粗暴，特别是在冲洗管插入子宫内时，须谨慎预防子宫壁穿孔。

2）不得应用强刺激性或腐蚀性的药液冲洗。量不宜过大，一般500～1000mL即可。

3）严格执行无菌操作，避免因操作不当而引起感染。

4）当子宫蓄脓或子宫积液时，应先将子宫内液体排除后再进行冲洗。

5）冲洗时，应尽量排除子宫内的洗涤药液，对于大动物可通过直肠按摩子宫促进洗涤液的排出。

【评价标准】

准备工作充分，详细检查患畜，保定确实，操作规范、熟练，与老师或其他同学沟通自然。

任务四　尿道与膀胱冲洗技术

【学习目标】

熟练掌握常见动物尿道与膀胱冲洗操作要领、注意事项，并能熟练地运用于尿道炎、膀胱炎、尿道结石、膀胱结石等病的临床治疗，了解冲洗药的种类及其适应证。对尿道与膀胱冲洗过程中的突发事件能够及时作出判断及正确处理。

【常用术语】

保定　尿道　膀胱

【概述】

尿道与膀胱冲洗技术是治疗尿道炎、膀胱炎的一种重要方法，是将冲洗药液直接作用于尿道、膀胱，将尿道与膀胱内的炎性分泌物、异物冲洗掉，起到净化尿道与膀胱的目的。

尿道与膀胱冲洗技术应用在尿道炎、膀胱炎治疗中，也用于尿道结石等病的辅助治疗中及用于导尿或采取尿液供给化验室检验的尿样。尿道与膀胱冲洗技术对母畜操作比较容易，但对公畜难度较大。

【专门解剖】

膀胱是动物体内储存尿液的器官。随着储存尿液的量的变化，它的形状、体积、位置均有不同的变化。当膀胱空虚时，置于骨盆腔内，牛、马的约拳头大小，中小动物的还要小一些，而膀胱充盈时，前端就会突入腹腔，引起腹围的变化，膀胱由膀胱顶、膀胱体和膀胱颈三部分组成，膀胱颈延伸的部分是尿道。雄性动物的尿道分为骨盆部和阴茎部两个部分。

【准备】

1. 护士（兽医师）准备　操作者将手洗干净，并进行一般消毒处理。

衣帽、口罩、手套、保定器材、治疗盘（碘伏、棉签、弯盘）、水桶。

2. 冲洗器械　导尿管（不同类型）、液体石蜡、注射器、洗涤器。

3. 冲洗药　生理盐水、1%～2% 石炭酸、2% 硼酸溶液、0.1%～0.5% 高锰酸钾溶液、0.1%～0.2% 雷夫奴尔溶液、抗生素及磺胺类制剂等。

4. 保定动物　牛采用柱栏内站立保定结合两后肢保定，将牛尾吊起系到柱栏上；马采用柱栏内站立保定结合两后肢保定，将马尾拉向一侧；羊采取握角骑跨夹持保定或角桩保定，尤其是针对没有角的羊进行保定；中大猪采用绳套保定结合徒手站立保定，也可以在产床上进行，小猪采用网架、保定架保定；犬采用扎口保定或口笼保定结合站立或侧卧保定，公犬采取全身麻醉后仰卧保定；猫采用侧卧保定或猫袋保定。

【操作技术】

1. 母畜的尿道与膀胱冲洗　助手将畜尾拉向一侧或吊起，术者将导尿管握于掌心，前端与食指同长，呈圆锥形伸入阴道（大家畜 15～20cm），先用手指触摸尿道口，轻轻刺激或扩张尿道口，适机插入导尿管，徐徐推进，当进入膀胱后，导尿管另端连接洗涤器或注射器，注入冲洗药液，反复冲洗，直至排出药液呈透明状为止。

当识别尿道口有困难时，可用开膣器开张阴道，即可看到尿道口。

2. 公马的尿道与膀胱冲洗　公马冲洗膀胱时，先于柱栏内固定好两后肢，术者蹲于马的一侧，将阴茎拉出，左手握住阴茎前部，右手持导尿管，插入尿道口徐徐推进，当到达坐骨弓附近则有阻力，推进困难，此时助手在肛门下方可触摸到导尿管前端，轻轻按压辅助向上转弯，术者与此同时继续推送导尿管，即可进入膀胱。冲洗方法与母畜相同。

3. 公犬的尿道与膀胱冲洗　同公马的尿道与膀胱冲洗。

【注意事项】

1）插入导尿管时前端宜涂润滑剂，以防损伤尿道黏膜。

2）防止粗暴操作，以免损伤尿道及膀胱壁。

3）公马冲洗膀胱时，要注意人畜安全。

4）严格执行无菌操作技术，以防止尿路感染。

5）给母畜导尿时，如果误将导尿管插入阴道内，必须更换无菌导尿管重新插入。

6）对出现尿潴留的患畜一次放出尿量要适当，避免大量或全部尿液导出后出现虚脱或血尿。

7）冲洗过程中必须注意引流是否通畅。

8）在冲洗液温度较低时，应加温至 35℃左右，避免温度较低的水刺激膀胱黏膜引起膀胱痉挛。

9）冲洗时，冲洗液容器内的液面距离肛门约 70cm，以便产生一定的压力，有利于液体流入，冲洗速度一般不超过 100 滴 /min。如果使用药液进行冲洗时，必须使药液在膀胱内保留 15～30min 后再引流出体外，或根据实际需要延长药液在膀胱内保留的时间。

10）冲洗时，注意观察动物的精神状态、行为表现等生理现象，如果患畜有不适表现时，应减缓冲洗速度或停止冲洗。

【评价标准】

准备工作充分，详细检查患畜，保定确实，操作规范、熟练，与老师或其他同学沟通自然。

任务五　直肠给药与灌肠技术

项目一　直肠给药技术

【学习目标】

熟练掌握常见动物直肠给药技术的操作要领、注意事项，并能熟练地运用于便秘、直肠炎等病的治疗，了解直肠给药物的种类及其适应证。对直肠给药技术过程中的突发事件能够及时作出判断及正确处理。

【常用术语】

保定　直肠给药　肛门管　润滑剂

【概述】

直肠给药是向直肠内注入药物，药液经肠黏膜吸收，提供动物所需的营养物质或排除积粪，以及除去肠内分解的有害物质与炎性物质。

常在患病动物采食量下降或食欲废绝时，进行人工给养；直肠炎、结肠炎时，投入抗菌防腐剂或收敛剂；患病动物兴奋不安时，给镇静剂；动物直肠内有积粪时，给润滑剂或温盐水等。

【专门解剖】

马的直肠长30～40cm，其前段肠管较细，后部肠管形成膨大的直肠壶腹，由疏松结缔组织和肌肉与骨盆腔背侧壁相连，向后通肛门。牛的直肠约为40cm，羊的直肠约为20cm，肠管粗细均匀，没有明显的直肠壶腹。

【准备】

1. 护士（兽医师）准备　操作者将手洗干净，并进行一般消毒处理。衣帽、口罩、手套、保定器材、治疗盘（碘伏、棉签、弯盘）、水桶。

2. 给药器械　肛门管、橡胶管、导尿管、20mL注射器。

3. 冲洗药　1%温生理盐水、葡萄糖溶液、甘油、液体石蜡、1%～2%石炭酸、2%硼酸溶液、0.1%高锰酸钾溶液、凡士林。

4. 保定动物　牛采用柱栏内站立保定结合两后肢保定，将牛尾吊起系到柱栏上；马采用柱栏内站立保定结合两后肢保定，将马尾拉向一侧；羊采取握角骑跨夹持保定或角桩保定，对没有角的羊采用徒手保定，小羊可采用倒提保定；中大猪采用绳套保定结合徒手站立保定，也可以在产床上进行，小猪采用网架、保定架保定、倒提保定；犬采用扎口保定或口笼保定结合站立；猫采用猫袋保定。

【操作技术】

1. 牛的直肠给药技术　术者站在保定的牛的正后方，将灌肠器的一端胶管，缓缓送入直肠内，然后通过推拉灌肠器的活塞将药液慢慢注入直肠内，动作要缓慢，避免对大肠壁造成刺激，注入药液后，轻拍牛的尾根，并捏住肛门使其收缩，或塞入肛门塞。

2. 马的直肠给药技术　术者站在保定马的侧后方，接下来的操作同牛的直肠给药技术。

3. 羊的直肠给药技术　术者将灌肠器上的胶管或橡胶导尿管涂布润滑油后缓缓插入直肠内，然后抽压灌肠器或高提吊桶，使药液自行流入直肠内。

4. 猪的直肠给药技术　同羊的直肠给药技术。

5. 犬的直肠给药技术　将已经保定的犬尾根部举起，使肛门充分显露，如果投给片剂、栓剂等固体剂型，用拇指、食指和中指拿持药物将其按入肛门，然后用手指向直肠内深部推入，当犬怒责时，暂停推送，待患犬不怒则时继续推送，当犬不继续怒责时，轻轻将手指滑出，不要再刺激肛门，当犬怒责较强时，用手指多停留一段时间（图 4-9）。

如果投给液体药物时，先在肛门管或导尿管的前端涂抹凡士林或甘油等润滑剂，向直肠内插入 8cm 左右，由助手将肛门口与肛门管紧密固定在一起，用注射器注射入与体温一致的药液，当药液量较大时，肛门管插的深入一些，注射药液后，固定肛门口与肛门管的手不要松开，再将肛门管慢慢滑出，待犬肛门不再怒责时即可将手拿开（图 4-10）。

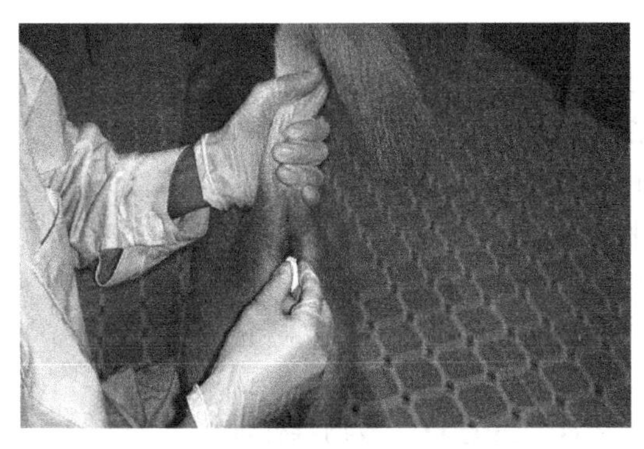

图 4-9　栓剂直肠给药

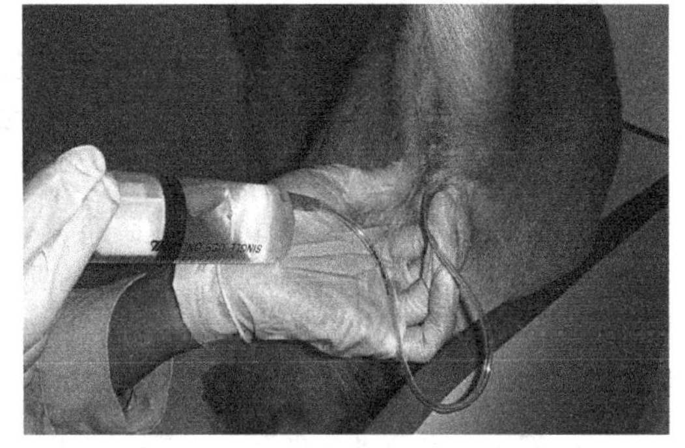

图 4-10　液体剂型直肠给药

6. 猫的直肠给药技术　同犬的直肠给药技术。

【注意事项】

1）给药后，不要再刺激肛门。

2）直肠给液体药物时，药物温度要与体温相一致。

3）给药后，拔掉肛门管时先不要松开闭塞的肛门并用手使之闭塞，待肛门不再怒责时，缓慢松手。

4）直肠给药液量，大动物一般为 1000～2000mL，牛一般不超过 2000mL，猪、羊一般不超过 500mL。

【评价标准】

准备工作充分，详细检查患畜，保定确实，操作规范、熟练，与老师或其他同学沟通自然。

项目二　灌 肠 技 术

【学习目标】

熟练掌握常见动物灌肠技术的操作要领、注意事项，并能熟练地运用于临床疾病的治疗，了解灌肠药物的种类及其适应证。对灌肠技术过程中的突发事件能够及时作出判断及正确处理。

【常用术语】

保定　灌肠给药　灌肠器

【概述】

灌肠技术是将大量药液、营养物质等药物注入直肠深部，使药液通过直肠到达其前段肠管，促进肠管内有害物质的排出，解除肠痉挛，松解肠套叠的肠管，进行补充液体。

灌肠技术多用于马、骡便秘的治疗，特别是对胃状膨大部等大肠便秘的治疗。还可用于猪、羊、犬等中小动物的肠套叠、结肠便秘的治疗及排出胃内容物。

【专门解剖】

动物的肠管由小肠和大肠组成，小肠包括十二指肠、空肠和回肠，大肠包括盲肠、结肠和直肠。其中马的结肠较发达，分为大结肠和小结肠，大结肠长约 3m，在腹腔内盘区的形状似马蹄铁形，按照它的走向，人为将其分为 4 个部分和 3 个弯曲，依次为右下大结肠、胸骨曲、左下大结肠、骨盆曲、左上大结肠、膈曲、右上大结肠。右上大结肠末端的膨大部分又叫胃状膨大部。小结肠大部分位于左侧腹腔后部。

【准备】

1. 护士（兽医师）准备　操作者将手洗干净，并进行一般消毒处理。

衣帽、口罩、手套、保定器材、治疗盘（碘伏、棉签、弯盘）、水桶。

2. 冲洗器械　导尿管、液体石蜡、灌肠器、凡士林、塞肠器、漏斗。

3. 冲洗药　生理盐水、1%～2% 石炭酸、2% 硼酸溶液、0.1%～0.5% 高锰酸钾溶液、0.1%～0.2% 雷夫奴尔溶液抗生素及磺胺类制剂等。

4. 保定动物　牛采用柱栏内站立保定结合两后肢保定，将牛尾吊起系到柱栏上；马采用柱栏内站立保定结合两后肢保定，将马尾拉向一侧；羊采取握角骑跨夹持保定或角桩保定，尤其是针对没有角的羊进行保定；中大猪采用绳套保定结合徒手站立保定，也可以在产床上进行，小猪采用网架、保定架保定；犬采用扎口保定或口笼保定结合站立保定；猫采用侧卧保定或猫袋保定。

【操作技术】

1. 牛的灌肠技术　将灌肠液先置于漏斗或吊桶中，然后把漏斗或吊桶挂到保定栏上，术者将灌肠器的橡胶管端缓慢地插入肛门直肠深部，漏斗或吊桶中的灌肠液即可自行流入直肠内。同时，观察漏斗或吊桶中的液面，随时向里面加入灌肠液，指导灌肠结束，在灌肠同时，随时用手指刺激肛门周围，使肛门紧闭，以防注射过程中，灌注液流出，灌肠液灌注结束后拉出胶管并放下尾巴。

2. 马的灌肠技术　同牛的灌肠技术。

3. 羊的灌肠技术　待羊保定后，将灌肠器的橡胶管一端插入肛门，并插入 10cm 左右，另一端连接漏斗，也可以使用注射器吸取灌肠液经灌肠器注入。

4. 猪的灌肠技术　同羊的灌肠技术。

5. 犬的灌肠技术　将配制好的接近体温的灌肠药液置于大烧杯等专用灌肠容器内，在肛门管的前端涂抹润滑剂，右手拿肛门管试探着插入肛门，缓缓地插入直肠内，确定适当的插入长度后，左手将尾根下压，同时用拇指、食指和中指将肛门与肛门管捏紧，肛门管另一端接注射器，助手吸取灌肠液轻轻加压缓缓注射，灌肠结束后，将肛门管取出，再紧闭一会肛门，或将犬后躯倒提起，然后将犬放开，使其自由活动。

6. 猫的灌肠技术　同犬的灌肠技术。

【注意事项】

1）深部灌肠的药物应为无刺激性、与体温相一致、等渗的液体。

2）进行深部灌肠时动作要轻柔，切忌粗暴，尤其是针对直肠阻塞或便秘的动物，排除直肠内异物后再进行深部灌肠。

3）灌肠时应注意注入液体时的压力，避免因压力过大而使肠管破裂，尤其是肠套叠时间较长、有害物质的腐蚀等情况下，应慎重深部灌肠，必须进行时要更加慎重，否则可能会导致严重后果。

4）灌肠后，因肠管通畅引起呕吐时，需要防止动物呛水。

5）灌肠时，掌握好灌肠药液的量、流速和压力。

6）对急腹症、妊娠早期、消化道出血的患畜禁止灌肠。

7）对患畜进行以降温为目的的灌肠时，灌肠后要保留30min后再排便，排便30min后再进行体温测量。

8）深部灌肠灌入液一般幼犬或仔猪不超过100mL，成年犬不超过500mL，药液温度以35℃为佳。大动物不超过30L。

9）当直肠内有积粪时，先直接取出或用少量液体软化积粪，待积粪排净后，再进行灌肠。

10）在灌肠时，如果病畜腹围增大，而且腹痛加重，呼吸加快，胸前见汗时，表明灌水量已经适度，并在灌水20min左右取出塞肠器。

【评价标准】

准备工作充分，详细检查患畜，保定确实，操作规范、熟练，与老师或其他同学沟通自然。

（邹继新）

第五单元　导尿治疗技术

任务一　雌性动物导尿治疗技术

【学习目标】

熟练掌握常见雌性动物导尿治疗技术操作要领、注意事项，并能熟练地运用于尿路不畅的治疗。对导尿过程中的突发事件能够及时作出判断及正确处理。

【常用术语】

保定　尿道下憩室　尿道口

【概述】

导尿治疗技术是指应用各种导尿管将膀胱内蓄积的尿液以人工方式导出体外的方法。

导尿治疗技术为进行尿路是否通畅检查的必要手段，还用于膀胱积尿时的尿液排出，也用于采集尿液供实验室检查。

【专门解剖】

阴门到阴道之间的部分称为尿生殖前庭，在腹侧壁有一横向的阴瓣，阴瓣可作为阴道和尿生殖前庭的分界标志。在阴瓣的后方有尿道外口，母牛的阴瓣不明显，在尿道外口的腹侧有尿道下憩室，是一个长约3cm的囊。雌犬泌尿系统组成见图5-1。

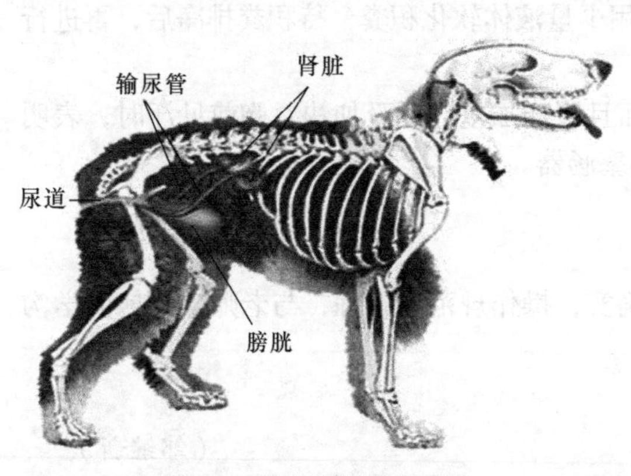

图5-1　雌犬泌尿系统组成

【准备】

1. 护士（兽医师）准备　操作者将手洗干净，并进行一般消毒处理。

衣帽、口罩、手套、保定器材、治疗盘（碘伏、棉签、弯盘）、水桶。

2. 导尿器械　导尿管（不同类型）、阴道扩张器、20mL注射器、呋喃西林溶液。

3. 消毒药　2%硼酸溶液、0.1%高锰酸钾溶液、灭菌的润滑油、0.1%新洁尔灭溶液、0.5%利多卡因溶液。

4. 保定动物　牛采用柱栏内站立保定结合两后肢保定，将牛尾吊起系到柱栏上；马采用柱栏内站立保定结合两后肢保定，将马尾拉向一侧；羊采取握角骑跨夹持保定或角桩保定，尤其是针对没有角的羊进行保定；中大猪采用绳套保定结合徒手站立保定，也可以在产床上进行，小猪采用网架、保定架保定；犬采用扎口保定或口笼保定结合站立或仰卧保定；猫采用侧卧保定或猫袋保定。

【操作技术】

1. 母马的导尿治疗技术　对母马保定后，使用消毒药清洗外阴部，术者戴上长臂手套，将右手伸到阴道内，在前庭处下方用手指触摸到尿道口，左手将涂有润滑油的导尿管送到尿道开口处，右手将导尿管握于掌心，前端与食指同长，并轻轻刺激或扩张尿道口，食指将导尿管引入尿道，并徐徐前进，送入10cm左右，导尿管的前端即到达膀胱。必要时，可使用阴道扩张器打开阴道进行插入导尿管。

2. 母牛的导尿治疗技术　同母马的导尿治疗技术。

3. 母猪的导尿治疗技术　同母马的导尿治疗技术。

4. 母羊的导尿治疗技术　同母马的导尿治疗技术。

5. 雌犬的导尿治疗技术　首先用0.1%新洁尔灭溶液彻底清洗阴门部位，将0.5%利多卡因溶液滴加入阴道，在站立保定的情况下，即使看不到尿道口的隆起，用手感知尿道开口处，盲插入尿道内，如果盲插比较困难，也可以进行仰卧保定，使用开膣器明确尿道口的具体位置，然后插入导尿管。在导尿完成后，向膀胱内注射4～5mL呋喃西林溶液（图5-2）。

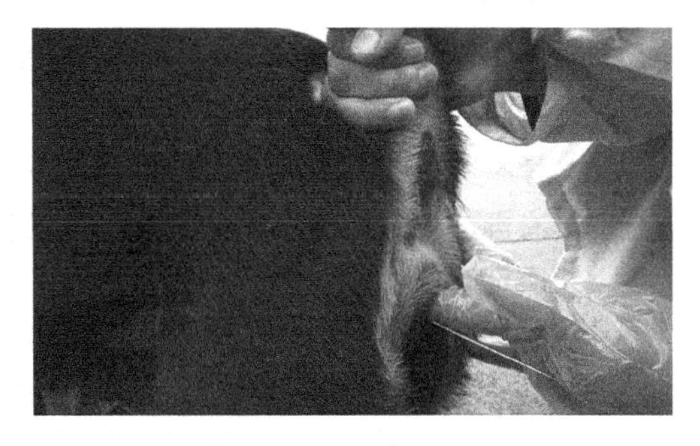

图5-2　雌犬导尿

6. 雌猫的导尿治疗技术　同雌犬的导尿治疗技术。

【注意事项】

1）插入导尿管时前端宜涂润滑剂，以防损伤尿道黏膜。

2）插入导尿管的动作要轻柔，缓缓插入，避免损伤尿道及膀胱黏膜。

3）导尿前注意术者自身消毒及所使用导尿器械消毒。

4）给母牛导尿时，注意勿将导尿管插入尿道下憩室。

【评价标准】

准备工作充分，详细检查患畜，保定确实，操作规范、熟练，与老师或其他同学沟通自然。

任务二　雄性动物导尿治疗技术

【学习目标】

熟练掌握常见雄性动物导尿治疗操作要领、注意事项，并能熟练地运用于尿路不畅等病的治疗。对导尿过程中的突发事件能够及时作出判断及正确处理。

【常用术语】

保定　导尿管　“乙”状弯曲

【概述】

导尿治疗技术是进行尿路是否通畅检查的必要手段。还用于膀胱积尿时的尿液排出，也用于采集尿液供实验室检查。

【专门解剖】

公马的尿道阴茎部分平直，而公牛、公羊和公猪的阴茎体在阴囊的后方出现“乙”状弯曲。

【准备】

1. 护士（兽医师）准备 衣帽、口罩、手套、保定器材、治疗盘（碘伏、棉签、弯盘）、水桶。

2. 导尿器械 导尿管（不同类型）、20mL 注射器、积尿杯、灭菌止血钳。

3. 消毒药 2% 硼酸溶液、0.1% 高锰酸钾溶液、灭菌润滑油、0.1% 新洁尔灭溶液。

4. 保定动物 牛采用柱栏内站立保定结合两后肢保定，将牛尾吊起系到柱栏上；马采用柱栏内站立保定结合两后肢保定，将马尾拉向一侧；羊采取握角骑跨夹持保定或角桩保定，尤其是针对没有角的羊进行保定；中大猪采用绳套保定结合徒手站立保定，也可以在产床上进行，小猪采用网架、保定架保定；犬采用扎口保定或口笼保定结合侧卧保定；猫采用侧卧保定或猫袋保定。

【操作技术】

1. 公马的导尿治疗技术 将保定的公马清洗包皮污垢，术者蹲在马的一侧，两手戴长臂手套，用右手将阴茎轻轻拉出，左手握住阴茎前部并固定，右手使用消毒药清洗龟头及尿道口，然后用经消毒并涂抹润滑剂的导尿管慢慢插入尿道，当导尿管前端接近坐骨弓处时，导尿管前进的阻力增大，这时，让助手在肛门下方触摸到导尿管的前端，并轻轻压迫使其向上弯曲，术者再稍加力插入，即通过骨盆腔而到达膀胱，膀胱内如积有尿液则自行流出。

公牛、公猪、公羊因尿道的构造，一般尿道检查或导尿比较困难。

2. 公牛的导尿治疗技术 同公马的导尿治疗技术。

3. 公羊的导尿治疗技术 同公马的导尿治疗技术。

4. 公猪的导尿治疗技术 同公马的导尿治疗技术。

5. 公犬的导尿治疗技术 将侧卧保定的犬上侧后肢向前牵拉并保持住弯曲状态，用手剥开包皮露出龟头，用 0.1% 新洁尔灭溶液彻底清洗。选择经灭菌的适宜规格的导尿管，常用的一次性导尿管，并在其前端 3cm 左右长处涂抹灭菌润滑油，从尿道口将导尿管插入尿道内，在推送困难时，用手或止血钳向前推送，也可以在导尿管内插入 7 号左右的骨科钢丝，增加导尿管的强度，当有尿道结石或尿道狭窄时，导尿管向前推送则不太容易。当犬体较小时，选择小规格的导尿管。导尿管进入膀胱则尿液自行流出，用积尿杯收集尿液。导尿结束后将 3mL 左右的呋喃西林溶液注入膀胱内，最后将导尿管拔出，导尿结束（图 5-3）。

6. 公猫的导尿治疗技术（图 5-4）　同公犬的导尿治疗技术。

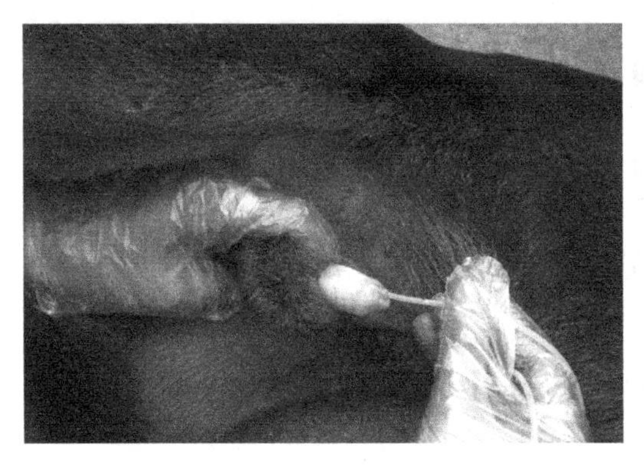

图 5-3　公犬导尿

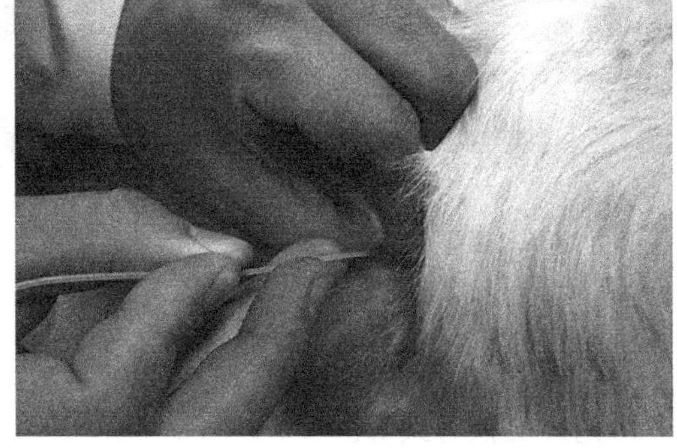

图 5-4　公猫导尿

【注意事项】

1）插入导尿管时前端宜涂润滑剂，以防损伤尿道黏膜。

2）防止粗暴操作，以免损伤尿道及膀胱壁。

3）公马冲洗膀胱时，要注意人畜安全。

4）插入导尿管时要严格消毒，避免因导尿而引起尿路感染。

5）导尿时对动物刺激较大，保定动物一定要确实，还要避免因保定粗暴导致患畜损伤。

【评价标准】

准备工作充分，详细检查患畜，保定确实，操作规范、熟练，与老师或其他同学沟通自然。

（邹继新）

第六单元　输液及输血疗法

任务一　输 液 疗 法

项目一　体　　液

【学习目标】

熟练掌握体液等相关概念、水盐代谢机制、酸碱平衡理论；了解体液的作用和组成、体液内外交换方式等。

【常用术语】

体液　细胞内液　细胞外液　内环境　血浆　渗透压　酸碱平衡　缓冲系统

【概述】

1. 体液的组成

（1）体液　　体液是动物体内含有的大量液体，其中包括水及溶解于其中的物质，这一类液体统称为体液。体液占动物总体重的60%～70%，且会由于动物种类不同而有所差异。例如，公牛体内含水量为52%～55%、马为60%、绵羊为50%～60%。在同种动物的不同个体之间体液的含量差异也很大，年龄和性别及身体中的脂肪含量等因素都会对体内含水量有一定影响。例如，脂肪较多或是年龄较老的动物身体里水分百分比较低，而幼年动物则相对较高，可以达到80%。机体各种组织、器官的含水量，根据各自功能的不同，也会有一定的差异。

（2）体液的作用　　体液的作用是支撑体细胞间的营养物质及代谢废物的输送与排出，干预激素及消化液的分泌，调节体温以及保持体表面的平滑性等。

（3）体液的组成　　根据在体内分布的部位不同，体液可以分为细胞内液和细胞外液两大部分。

动物体重的60%左右为液体，其中40%为细胞内液，20%为细胞外液。虽然2/3的体液存在于细胞内，细胞外液相对于细胞内液所占比例较少，但在对患病动物液体治疗的过程中，细胞外液在体液中所占比例是一项十分重要的治疗参考值，因为机体缺水大多数情况下流失的是维持内环境稳态的细胞外液。细胞外液又可分为细胞外的组织间液及血管内的血浆，血浆约占细胞外液的1/4，而组织间液约占3/4，分别各占体重的5%和15%（图6-1）。

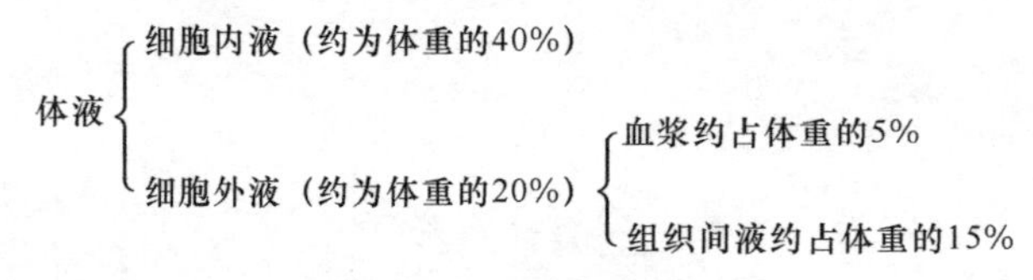

图6-1　体液的组成

1）细胞内液的组成。细胞内液的电解质阳离子有 Na^+、K^+、Mg^{2+}、Ca^{2+}，阴离子有 Cl^-、HCO_3^-、HPO_4^{2-}、SO_4^{2-}。其中阳离子含量最多的是 K^+，其次是 Mg^{2+}，而 Na^+最少。阴离子含量最多的是 HPO_4^{2-}和蛋白质，而 HCO_3^-和 SO_4^{2-}则很少。

在细胞内液中所含的无机盐和有机物的主要功能是维持细胞渗透压，对保持细胞内液的恒定具有重大意义。

2）细胞外液的组成。细胞外液和细胞内液含有同样的电解质，但它的含量却相差很大。在细胞内液中 K^+、HPO_4^{2-}、蛋白质含量最高，而在细胞外液中，则与之相反，是阳离子 Na^+、阴离子 Cl^-含量最多。

2. 水、电解质的代谢调节

（1）水的代谢　水是机体中含量最多的组成成分，是维持动物体正常生理活动的重要营养物质之一，对机体的代谢十分重要。动物体处于正常状态下在细胞内液与细胞外液之间水分保持动态的平衡。为了维持机体内水的平衡，动物体不断地进行水分的摄取与排出，水分主要通过饮水、饲料中的水分及物质代谢生成的水而获得，同时水分又不断地经肾、肺、皮肤和肠管而排出，维持体液渗透压的平衡。此外水的生理功能还有调节体温、促进物质代谢及润滑等。

动物在正常状态下，水的摄入量与排出量是相对平衡的，如果由于某种原因引起水代谢失衡，水的动态平衡就遭到破坏，也就是细胞和组织间液的代谢被破坏，动物可能出现相应的疾病症状，严重时可危及生命。实验证明，一个动物如失去约占体重 10% 的体液便会引起严重的物质代谢障碍，失去 20%～29% 的体液将会导致死亡。

（2）电解质的代谢

1）钠离子：Na^+是细胞外液的主要阳离子，其中的 Na^+约占体内钠总量的 45%，是维持组织间液渗透压的主要溶质。Na^+与水的关系极为密切，体液中 Na^+含量的多少能引起水的移动，当 Na^+浓度减少时，细胞外液量也就减少，反之细胞外液量就增加，所以 Na^+在维持体液的容量上具有很大的作用。Na^+对维持血液渗透压十分重要，血液中 Na^+浓度可以大致地显示出身体的水分平衡状态，血液渗透压的 65%～70% 是由溶解在血液中的 NaCl 所决定的，所以水分的异常通常会随着 Na^+的混乱一起发生。同时 Na^+还能维持肌细胞的正常兴奋性，也参与维持体内的酸碱平衡，是 $NaHCO_3$ 的组成成分。Na^+的浓度是由肾脏所调节的。

2）氯离子：Cl^-占细胞外液阴离子总量的 60% 以上，是体液中的重要阴离子，Cl^-在体内主要是与 K^+或 Na^+相结合，对维持血液渗透压十分重要，因 Cl^-易于通过半透膜，也参与细胞内液渗透压的维持。Cl^-丧失后，由机体代谢产生的碳酸氢根（HCO_3^-）来补偿。正常动物体内的 Cl^-主要是从饲料里以 NaCl 的形式摄入体内，大部分是从肾脏以尿的形式排出。其排出量视摄入量和肾脏的排出能力而不同，动物体平常为了保持 NaCl 在体内的必要量，能从肾小管里再吸收，只是将多余的 NaCl 排出体外。Cl^-会在肾小管处与 HCO_3^-竞争与 Na^+结合而被重吸收。

3）钾离子：K^+是细胞内液中的主要阳离子，身体中约有 95% 的钾离子是存在于细胞内的，主要分布在肌肉、皮肤和皮下组织，并参与细胞的新陈代谢。K^+主要支配细胞内液的渗透压，维持细胞内液的酸碱平衡。K^+在红细胞内含量特别多，对血液的呼吸功能十分重要。K^+对肌细胞呈抑制作用，所以存在肌肉中的 K^+和 Na^+为对抗物。K^+和 Na^+

是维持体液渗透压的主要阳离子，丧失后机体不能代偿，只能靠外界补给，才能保持体液的平衡。K^+和Na^+是血液中缓冲物质组成部分，对维持体内酸碱平衡具有重要作用。所以K^+和Na^+对动物体生命活动过程影响很大，但超量的K^+对机体是有毒的，一般血清中含K^+为0.02%，一旦超过此量的2倍，则发生严重的中毒作用，如中枢神经系统的麻痹、心脏活动停止等。故K^+出与入的动态平衡，是临床上很重要的问题。

K^+由肾脏进行排泄，因此肾功能完善是预防出现高血钾症的重要因素。

4）碳酸氢根离子：在细胞外液中Na^+主要是与Cl^-和HCO_3^-保持荷电平衡。在体内细胞代谢最终产物都形成二氧化碳，通过呼吸道又能很快排出。如在体液中它由

$$CO_2+H_2O \rightleftharpoons H_2CO_3 \rightleftharpoons H^++HCO_3^-$$

所以HCO_3^-在机体内是重要的酸碱缓冲物质，其浓度的升高或降低直接影响体液酸碱平衡。

3. 体液的交换

（1）体液的内部交换　细胞内液与细胞外液的体液移动主要受渗透压所支配，当细胞外液的渗透压低于细胞内液时，就会使得水分向细胞内转移从而造成细胞水肿，当细胞外液渗透压高于细胞内液时，细胞内的水分则会向细胞外液移动导致细胞脱水，而血浆与组织间液的体液移动，则与毛细血管处的有效滤过压有关。动物机体的体液在正常情况下，血浆与组织间液、细胞内液与细胞外液都在相互交换，维持着动态平衡。血浆与组织间液以毛细血管壁相隔，毛细血管壁为一种半透膜，血浆及组织间液中的小分子物质，如葡萄糖、氨基酸、尿素以及电解质都可以自由透过，相互交换，但是，血浆及组织间液中的蛋白质却不能自由透过毛细血管壁，而维持血浆内胶体渗透压的重要物质就是这些无法穿过血管壁的蛋白质，在血浆中的蛋白质浓度比组织间液的蛋白质浓度高很多，因而血浆胶体渗透压比组织间液胶体渗透压也要高，并且其中白蛋白维持胶体渗透压的能力为球蛋白的两倍，负责了近乎70%的胶体渗透压。水分在血浆与组织间液中的分布是由心脏和血管收缩所产生的血压与血浆的有效渗透压所调节，血压驱使水分通过毛细血管壁流向组织间液，血浆的有效渗透压等于一种吸力，把水分从组织间液吸回血管内。在正常情况下，由于体液会在毛细血管动脉端向外移动，在静脉端又流回毛细血管内，这一进一出就达到平衡，这样就不会使机体组织间隙内水分滞留，造成水肿。血浆与组织间液的交换很迅速，并保持动态平衡，这样不但保证了血浆中的营养物质与细胞内物质代谢中间产物和终产物的交换能顺利进行，而且还保证了血浆与组织间液容量和渗透压的恒定。

细胞内液与细胞外液的交换是通过细胞膜进行，细胞膜也可视为是半透膜。细胞膜对水能自由通过，对葡萄糖、氨基酸、尿素、尿酸、肌酐、CO_2、O_2、Cl^-和HCO_3^-等也可以通过。这样细胞内液与细胞外液互相交换，保证细胞不断地从细胞外液中摄取营养物质，排出细胞本身的代谢产物。细胞内外的蛋白质、K^+、Na^+、Cl^-、Mg^{2+}等则不易透过细胞膜，因此当细胞内外液的渗透压发生差别时主要靠水的移动来维持平衡。水在细胞内外的转移取决于细胞内外渗透压的大小，而决定细胞外液渗透压的主要是钠盐，决定细胞内液渗透压的主要是钾盐，在细胞膜内外K^+与Na^+分布的这种显著差别是由于细胞膜能主动地把Na^+排出细胞，同时将K^+缓慢地吸入细胞内，从而细胞内外渗透压达到平衡。

（2）体液与外界的交换　体液的流动性很大，要保持体液的恒定，水与电解质的摄入量与排出量必须相等。水和电解质出入机体的途径主要是通过胃、肠道、肾、皮肤和肺等器官来完成（图 6-2）。

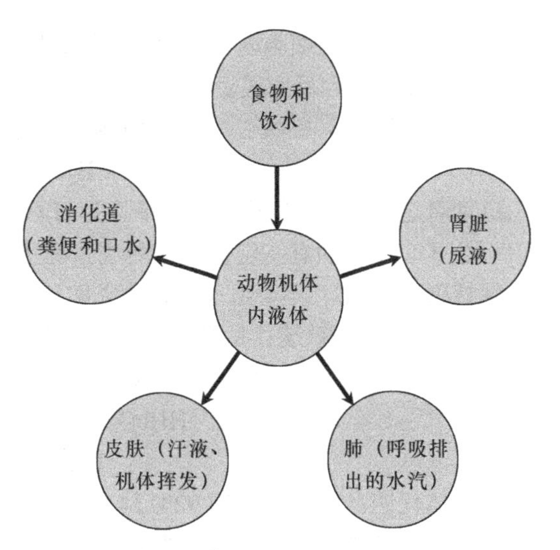

图 6-2　体液与外界的交换方式

1）胃肠道。动物采食的饲料（营养物质、水分和电解质）进入消化道后与消化液充分混合，营养物质主要在小肠处被吸收，余下的水分将在大肠内重吸收，仅有少量水分和粪便一起排出体外。

2）肾脏。肾脏是调节细胞外液的主要器官，它在维持水和电解质平衡上起到了非常重要的作用，控制了水、电解质（主要是 Na^+、Cl^-）的排泄，并使细胞外液的容量、酸碱度和渗透压保持在恒定的状态。

机体代谢过程将不需要的和过剩的物质（如尿素、肌酐、氨、氢离子等），通过肾脏进入尿中排出体外，但机体需要的物质（如葡萄糖）则可完全从肾小球中被再吸收。

3）皮肤。皮肤是一个排泄器官，其功能主要是调节体温，散发热量。当在炎热天气，过度使役和体温升高的情况下，体内产热量显著增加，机体为了维持正常体温，通过排汗来散发热量。汗液主要是水，含电解质很少。因此，汗液的蒸发对体液平衡状态也将会产生影响，所以在临床上对患病动物体液和电解质的丧失量，必须将流失的汗液估计在内才可以达到合理补液量。

4）肺。经由肺呼出的气体所包含的水分较多，其丧失量取决于呼吸的次数和深度，浅而快的呼吸丧失水分较少，深而缓的呼吸丧失水分较多，呼出的空气中不含固体溶质，所以电解质（Na^+、K^+、Cl^-）等并不丢失。

4. 酸碱平衡

在生理状态下，动物体的血液氢离子浓度经常保持在 pH 7.35～7.45 范围内，保持这种稳定是依靠机体一系列的调节功能，此种体液的稳定状态称为酸碱平衡。体液 pH 的稳定对许多酶的活性极为重要，倘若出现 pH 大范围变化，通常就会出现危险甚至危及生命。因此临床兽医，只有了解正常酸碱平衡的主要原理，才能有效地掌握治疗原则。

细胞内液、组织间液和血浆等各种体液的 pH 是借助离子的移动而保持平衡的。血液的酸碱平衡仅能反映细胞外液的相应情况，与动物体全身缓冲能力相对比，还有一定的局限性。

机体调节酸碱的机能，保持酸碱平衡，主要是通过机体内存在的缓冲系统、肺功能调节及肾功能调节等作用而完成的。

（1）缓冲系统　体液中的缓冲系统中，发挥作用的主要为碳酸氢盐系统，其次是血红蛋白系统，除此之外还有血浆蛋白系统和磷酸盐系统，现分述如下。

1）碳酸氢盐系统，为碳酸与碳酸氢盐组成，是缓冲系统中的最主要者。碳酸是新陈代谢的最后产物，主要由呼吸系统排出，但其存留于体内的总量对保持体液 pH 具有特殊意义，碳酸氢盐在细胞内以 $KHCO_3$ 的形式存在，在血浆中则为 $NaHCO_3$，碳酸氢盐系统的缓冲作用由下列反应式表明：

$$HCl + NaHCO_3 \rightleftharpoons NaCl + H_2CO_3$$

$$NaOH + H_2CO_3 \rightleftharpoons H_2O + NaHCO_3$$

两者之间是有一定比例的，平均为 $H_2CO_3 : NaHCO_3 = 1 : 20$。

公式表明，如有一定量的强酸或强碱进入体液，通过固有缓冲系统的缓冲效能，仍能保持原来的 pH，不会出现较大的变化。

2）血红蛋白系统，是机体的另一个重要的酸碱缓冲系统，在体液中是作为弱酸而存在的，它们与 K^+、Na^+结合成弱酸盐，还原成血红蛋白（HHb），呈弱碱性。

$$HHbO_2 \rightleftharpoons H^+ + HbO_2^- \text{（弱酸性）}$$

$$HHb \rightleftharpoons H^+ + Hb^-$$

机体代谢产生的 CO_2 约 92% 是直接或间接地由血红蛋白系统携带或参与缓冲的，当二氧化碳进入静脉血液时，血液 pH 仅下降 0.02～0.03，此过程发挥作用的便是血红蛋白的缓冲系统。

3）血浆蛋白系统。在正常 pH 体液中，血浆蛋白能接受 H^+或释放 H^+，起着缓冲作用。

4）磷酸盐系统。由磷酸二氢钠（NaH_2PO_4）和磷酸氢二钠（Na_2HPO_4）组成，主要作用于细胞内，在血液内作用较少。NaH_2PO_4 是弱酸，当遇强碱时则形成 Na_2HPO_4 与 H_2O。如：

$$NaH_2PO_4 + NaOH \longrightarrow Na_2HPO_4 + H_2O$$

Na_2HPO_4 是一种碱性盐，当遇到强酸时则形成 NaH_2PO_4 与 NaCl。如：

$$Na_2HPO_4 + HCl \longrightarrow NaH_2PO_4 + NaCl$$

（2）肺功能的调节　肺脏是吸收 O_2 排出 CO_2 的气体交换场所，同时也是与肾脏共同调节酸碱平衡的重要场所。肺脏对酸碱的代偿速率较慢，主要是透过对 CO_2 排出速率进行调整，CO_2 为机体内分解代谢的终产物之一，由肺部排出，可以通过控制 CO_2 的排出量来调节体内的酸碱平衡。当血液中 CO_2 增加或 H^+浓度增加时，刺激呼吸中枢兴奋，呼吸加深加快，排出多量的 CO_2，由于此过程消耗血中的碳酸氢根离子及氢离子，会使血液趋向碱性。反之，CO_2 降低或 H^+浓度降低时，则呼吸缓慢，保留了 CO_2，血液中的碳酸氢根离子及 H^+增加，使血液中的碳酸浓度得到调节。参与调节呼吸速率，从而达到血液酸碱平衡的化学感受器包括延髓、主动脉体及颈动脉体等。

（3）肾脏功能的调节　肾脏是调节酸碱平衡的重要器官，血液中的的缓冲系统及呼吸系统，虽然可以较快地平衡酸碱，但通过的方式是直接消耗身体的 HCO_3^-，一旦体内 HCO_3^-消耗过多，机体将难以维持正常的血液酸碱值，肾脏的重要性，就在于可以不断地排出血液中的 H^+，并产生新的 HCO_3^-返回至血液中，直到身体恢复正常情况。肾脏对酸碱的代偿作用虽然较慢，但却非常重要，维持了细胞外液中碳酸氢盐的适当浓度，保证了机体的酸碱平衡。其主要通过以下三方面机制进行。

1）碳酸氢钠的再吸收，是由于氢离子与钠离子的交换所实现。远端肾小管的细胞中，在碳酸酐酶的作用下 CO_2 与 H_2O 结合生成 H_2CO_3，碳酸又解离为 H^+和 HCO_3^-，H^+透过细胞膜进入肾小管腔，来自管腔中的 Na^+与 HCO_3^-结合生成 $NaHCO_3$ 而被再吸收回进入血液，这就是机体的排 H^+保 Na^+作用。

2）远端肾小管细胞的重要功能之一是分泌氨，它的主要作用在于帮助强酸的排泄。NH_3 与 H^+生成铵离子（NH_4^+），再与酸根作用，生成铵盐，随尿液排出。氨的分泌率可能与尿中的氢离子浓度成正比，尿越呈酸性，氨分泌越快，尿越呈碱性，氨的分泌就越慢。

3）正常血浆 pH 约为 7.41，血浆磷酸缓冲系统中 80% 的无机磷酸阴离子来自磷酸氢二钠（Na_2HPO_4），20% 来自磷酸二氢钠（NaH_2PO_4）。肾小球滤液中磷酸根主要以 HPO_4^{2-} 形式存在，当肾小管液被分泌的氢离子酸化时，碱性的 HPO_4^{2-} 与 H^+结合生成 $H_2PO_4^-$，在肾小球滤液中 Na_2HPO_4 中的 Na^+和 H^+相互交换，然后回到血液中。

上述缓冲系统、呼吸功能的调节及肾脏的调节三者在生理或病理状态下，都是互相联系、互相配合的过程，保持体液的 pH 稳定，如血液的缓冲作用，可以缓冲较强的酸和碱，但无法缓冲不断产生的酸性和碱性物质。因此血液的缓冲能力有限时，肺脏和肾脏可以通过其自身功能进行补充和调节，这三方面相互配合，保证了体液正常 pH 的稳定。

【评价标准】

可以正确书写出以下内容：体液的组成成分及相应组分在血液中所占比例；细胞内液和细胞外液中的主要离子成分；水分的主要获得方法以及水的主要排出途径；写出 5 种可以自由通过半透膜的物质；写出 4 种水和电解质主要出入机体的途径；写出 3 种酸碱缓冲系统的名称及其化学反应方程式。

从以上内容中选取五项进行考核，回答正确三项为合格，全部正确记为优秀。

项目二　脱　　水

【学习目标】

掌握脱水的分类及脱水的评判方法；了解脱水的概念、形成原因及治疗方法等。

【常用术语】

脱水　等渗性脱水　高渗性脱水　低渗性脱水　红细胞压积　血清总蛋白　尿素氮

【概述】

在正式对动物进行液体治疗之前，兽医需要对动物整体的身体情况进行检查，作出准确的评价，进而指导治疗。在正常情况下，动物体可以通过饮水或饮食来补充机体正常流失的水分，但是由于疾病的发生，动物有可能自身无法正常地饮食饮水，则会造成体液无法得到正常补充，并且有些疾病的症状（如呕吐或腹泻）也会加剧液体的流失，当机体水分的流失量大于水分的摄入量时，便会造成脱水。

1. 脱水的类型　根据水和电解质（主要是 Na^+）丢失的比例不同，临床上一般将脱水分为高渗性脱水、等渗性脱水和低渗性脱水三种类型。

（1）高渗性脱水　高渗性脱水是一种相对来说较为少见的脱水方式，其主要是指水的丢失相对比 Na^+的丢失多，特点是细胞外液渗透压增高，血钠高于正常，细胞外液减少，同时细胞内液容量也会因为细胞外液的渗透压高于细胞内液而造成细胞内脱水。

1）造成高渗性脱水的原因：①动物摄水量不足。可见于昏迷，创伤，拒食，口腔与咽喉炎症，食道炎症，肿瘤或阻塞，或是脑外伤造成的致渴中枢迟钝、渗透压感受器不敏感等原因。②排水量过多。可见于因疾病致使动物尿量增加或为治疗疾病大量使用利尿剂，亦可见于中暑、高热、烧伤等各种原因引起的液体大量流失，这些原因均可引起高渗性脱水。

2）临床诊断要点。体液浓度增高，血浆Na^+浓度增加，细胞外液与细胞内液减少，体重明显减轻，患病动物唾液少，汗少，尿少，尿相对密度增高。突出表现为细胞脱水症状，皮肤干燥无弹性，黏膜干而无光，眼球深陷，显著口渴，进而发热沉郁，昏睡虚脱，严重时可导致死亡。缺水的程度依照临床表现及失液量与体重的百分比，分为轻、中、重三种情况。

① 轻度脱水：按照红细胞压积容量，从正常20%容积上升到40%容积，此时机体脱水量为体重的2%～4%，即为轻度脱水。患病动物临床主要表现为精神沉郁，尿量减少，血色稍暗，口渴。

② 中度脱水：红细胞压积容量上升到40%～50%，此时机体脱水量占体重的4%～6%，为中度脱水。临床表现为可视黏膜及口腔发干，显著口渴，乏力，尿少，血液黏稠、色暗，脉搏增数等。

③ 重度脱水：红细胞压积容量上升到50%～60%，此时机体脱水量大于体重的6%，为重度脱水。临床主要表现为可视黏膜发绀，血液黏稠、色暗，高度口渴，眼球凹陷，耳鼻端发凉，心音及脉搏均减弱，有时会出现神经症状。

3）输液原则。高渗性脱水的主要原因是水分的流失，虽然患病动物伴有一定量的电解质丢失，但早期治疗的重点应是以补充足量水分为主，以纠正高渗状态，然后再酌量补充电解质Na^+。给水采取患病动物自饮或人工给予，但人工给水不能强制性地给予大量饮水，防止引起水中毒，呈现肌肉震颤及癫痫样的痉挛现象，此外也可静脉注射或直肠输入5%葡萄糖溶液。补液量根据压容上升程度，判定缺水情况而进行补充，一般按下述压容公式换算补液量，其中，PCV表示红细胞压积。

轻度脱水：补液量（mL）=［患病动物PCV－正常PCV（30）］×1000

中度脱水：补液量（mL）=［患病动物PCV－正常PCV（30）］×800

重度脱水：补液量（mL）=［患病动物PCV－正常PCV（30）］×600

（2）低渗性脱水　低渗性脱水发生时体液的丢失以电解质为主，特别是盐类，因为细胞外液中的电解质流失，细胞外液渗透压低于正常体液而造成低渗，因此称为低渗性脱水。这种脱水的特点是缺钠大于缺水。

1）造成低渗性脱水的原因。低渗性脱水的形成原因主要是钠离子的流失。例如，在严重腹泻、呕吐或大量出汗时，单纯补充水分或5%葡萄糖溶液，而没有及时地补充在消化液或汗液中所丧失的电解质，造成细胞外液电解质浓度降低，或是当大量放腹水或大面积烧伤的患病动物，补液时钠离子补充量不足，这些原因都会引起低渗性脱水。当长期使用利尿剂，会抑制肾小管对钠的重吸收，大量钠离子自尿中流失，也可以造成低渗性脱水。

2）临床诊断要点。当机体细胞外液钠离子含量较低时，细胞外液渗透压降低，血浆钠离子浓度减少，从而造成细胞外液减少，细胞内液增加，引起细胞胀大水肿。此类患病动物表现为循环功能不良，血压下降，四肢厥冷，脉细弱，肾血流量减少，因而尿量减少，含氮废物堆积，而出现氮质血症。因循环不良组织缺氧，患病动物常有昏睡状态。

轻度脱水动物的临床表现为精神沉郁、食欲减少、四肢无力，此时缺盐在0.25～0.5g/kg；中度时会出现血压下降，明显的全身症状，除上症状之外，还有恶心、呕吐、脉搏细数、尿少等症状，此时缺盐在0.5～0.75g/kg；当重度脱水时全身症状加重，患病动物常有昏睡或昏迷状态，并有可能发生低血溶性休克，这时缺盐在0.75～1.25g/kg。

3）输液原则。轻度患病动物，输入5%葡萄糖生理盐水，即可纠正过来。严重病例处理较为复杂，需全面考虑，首先要恢复血容量，改善血液循环，增加细胞外液渗透压，解除细胞肿胀，此时输入生理盐水和胶体溶液是较为合理的治疗方法。此外，还应根据血清钠的测定，计算补钠量。

在体液低渗时补充高渗盐水是合理的，一般开始可以给予总量的1/3或1/2，观察临床反应效果，并复测血清Na^+、K^+、Cl^-，再斟酌剩余量的补充。

钠离子补充量计算公式：

需补充的钠盐量（mmol）=［血钠正常值－血钠测定值］（mmol/L）× 体重（kg）×0.6

（3）等渗性脱水　等渗性脱水，又称急性脱水或混合性脱水。其丧失等渗性体液，即丢失的水与电解质相平衡，因而细胞外体液渗透压仍保持正常。是临床上较常见的一种脱水类型。

1）造成等渗性脱水的原因。在大量消化液急性丧失（腹泻、呕吐、急性肠梗阻、弥漫性腹膜炎、胃肠道手术）、大面积烧伤后等渗性液体补充不及时，易导致混合性脱水。

2）临床诊断要点。血浆Na^+浓度正常，细胞外体液减少，细胞内体液一般不减少；常兼有低渗性脱水和高渗性脱水的综合性脱水症状。

患病动物具有明显脱水的临床症状，但体液渗透压仍保持正常，血清钠在正常范围之内，临床上会出现尿量减少、乏力、眼球下陷、皮肤干燥等症状。

3）输液原则。水与盐的丢失比例相等，故应同时补给丧失的水分和电解质。但也应注意，由于每日从皮肤蒸发以及肺的呼出气中含水而不含电解质，所以输液时，水应多于电解质，同时要适当补给K^+。并要注意纠正可能发生的酸碱平衡障碍。

平衡盐溶液需要量（L）=（红细胞压积测定值 / 红细胞压积正常值）× 体重（kg）×0.25

2. 脱水的评判标准

（1）病史调查　动物主人提供的病史是兽医师获得动物体况的重要信息来源，兽医师首先可以根据病史调查来判断动物是否出现脱水情况，若畜主诉动物出现过呕吐、腹泻、多尿等症状，则提示动物有可能会出现脱水症状。

（2）理学检查　理学检查是根据动物生理状况，而进行的一系列检查。通过对动物状态发生的改变情况，来判定动物是否发生脱水。主要检查为皮肤弹性检查、口腔黏膜检查、眼球凹陷情况检查、精神状况检查等。理学检查较为方便，但也综合考虑各项条件，动物的体况、病程、品种或是否肥胖均会影响评判结果，因此在判断过程中还是要根据实际情况进行判断。

皮肤弹性检查是判定动物脱水状况的一种常用的方法。兽医师通过拉伸皮肤，通过观察其恢复到最初状态和位置的情况来判断动物是否脱水。动物在正常情况下皮肤会在1～3s内恢复到正常位置，并呈现原来的平坦状态，随着脱水情况的加深，皮肤回弹能力会逐步降低。

口腔黏膜检查也可以作为判定动物是否脱水的一种方法。在正常情况下动物的口腔黏膜湿润并富有光泽，但当动物脱水时，黏膜会干燥且无光，唾液变得黏稠。

眼球后方软组织含有较大的水分，所以当动物出现脱水情况时眼球就会往眼窝内凹陷，且眼球凹陷也比较容易观察，兽医师可以通过观察动物眼窝凹陷的程度来判定动物脱水情况。

脱水情况判定标准：①脱水程度＜5%时，轻度，没有明显症状。②脱水程度为5%～6%时，轻度，皮肤弹性轻微丧失。③脱水程度为6%～8%时，中度，明确的皮肤弹性丧失，毛细血管再充盈时间稍微延长，眼球稍微凹陷入眼窝，口腔黏膜稍微干燥。④脱水程度为10%～12%时，显著，拉起的皮肤无法弹回，毛细血管再充盈时间延长，眼球陷入眼窝，黏膜干燥，可能出现休克症状（黏膜苍白，脉搏虚弱，心搏过速）。⑤脱水程度为12%～15%时，休克，低血溶性休克症状（黏膜苍白，脉搏虚弱，心搏过速），死亡。

（3）实验室检查　兽医师同样也可以通过实验室检查来测定动物是否脱水。当动物发生脱水时，一些理化指标会随之发生改变，包括红细胞压积、血清总蛋白、尿相对密度及血中尿素氮等。但根据实验室检测结果判定动物是否脱水的前提是引发脱水的疾病不会对监测指标造成影响，否则检测结果不具有参考价值。

1）红细胞压积。在动物没有发生不会造成红细胞数目量发生改变的疾病时，随着细胞外液的流失，红细胞压积上升。但是如果动物发生类似于贫血等疾病时，红细胞数目本身发生改变，血浆中红细胞总数降低，此时若再发生细胞外液流失，红细胞压积结果便可能不准确，甚至处于正常范围之内。

2）血清总蛋白。某些炎症性疾病可能会使得没有脱水的动物呈现上升的血清总蛋白数值（球蛋白＋白蛋白），但其实增加的是球蛋白而非白蛋白，所以此时白蛋白的上升才可视为脱水的指标。

3）尿素氮和尿相对密度。脱水会造成所谓的肾前性氮血症，而且会伴随尿相对密度的上升，若氮血症所伴随的是低的尿相对密度时，则代表是原发性的肾脏疾病。

【评价标准】

熟练掌握动物机体脱水的三个类型，以及造成不同脱水类型的主要原因。能够根据动物的脱水症状，初步判断出动物的脱水程度，并根据脱水程度计算出补液量。

掌握动物机体脱水的三个类型并可以初步判断即为合格，在此基础上可以计算出补液量并可以写出具体的补液计算公式为优秀。

项目三　体液平衡和酸碱平衡

【学习目标】

了解体液平衡及酸碱平衡发生的主要原因；了解各种电解质紊乱及酸碱紊乱后机体

可能表现出的症状，并能纠正机体紊乱。

【常用术语】

低钠血症 高钠血症 低钾血症 高钾血症 代谢性酸中毒 代谢性碱中毒 呼吸性酸中毒 呼吸性碱中毒

【概述】

1. 水代谢紊乱 临床上所见的水代谢紊乱往往同时伴随电解质尤其Na^+的平衡失常，故水与钠平衡失调多为混合性的，但是不同的病因可以造成不同比例的水盐代谢紊乱，因此临床表现、发病机制和治疗等方面也有不同特点。临床上比较常见的水代谢紊乱为脱水，其次为水过多，即水肿。

2. 电解质代谢紊乱 电解质代谢紊乱与水代谢紊乱有密切联系，特别水的丢失与钠的代谢紊乱更为密切。兽医临床上较常见的肠闭结手术、重度感染、严重创伤、大面积烧伤等均能引起水和电解质大量丧失。机体中的水分和钠是动物体的主要营养物质，所以水、钠平衡失调状态对于利用输液纠正机体紊乱具有重要的参考意义。

（1）钠的代谢紊乱

1）低钠血症。低钠血症是临床上比较常见的水与电解质失衡症。一般机体缺钠常伴有水和其他电解质的平衡失调，尤其常伴有水分的丢失，但由于钠流失要比水流失严重，因此往往造成低渗性脱水。

造成低钠血症的主要原因：第一，胃肠道消化液的丧失。这是临床上最常见的缺钠原因，如腹泻、呕吐、胃肠减压及用水洗胃时，都可丢失大量消化液而发生缺钠。第二，大量出汗。汗液中氯化钠含量约为0.25%，出汗可排出大量的氯化钠，动物高热大量出汗时，如果仅补充水分而不补充由汗液中丢失的电解质，有可能发生以缺钠为主的失水。第三，肾性失钠。肾脏发生疾病时，尿液中排出的Na^+增多，Na^+的再吸收受阻，从而导致血钠下降。这可能是由于肾小管对分泌的醛固酮不起反应所致。第四，发生酸中毒的患病动物由于体内酸度增高，要靠消耗Na^+去中和，从而导致血钠下降。第五，大量放腹水，腹水所含Na^+浓度一般与血浆相近，当大量放腹水时，尤其是反复穿刺放腹水或单次放腹水量过多的患病动物，容易发生急性缺钠。第六，泛发性炎症，如大叶性肺炎，肺泡内渗出物亦含有大量钠离子，可引起缺钠。

特征：患病动物临床表现为精神沉郁、食欲减少、四肢无力、恶心、呕吐、脉搏细数、尿少等，严重时常有昏睡或昏迷状态，甚至可能发生低血溶性休克。

输液原则：矫正低血钠的速度不宜过快，最好在24～48h以上的时间内逐渐地使血钠恢复到正常范围内。

2）高钠血症。高钠血症常与脱水等其他代谢紊乱同时存在，但是最常发生还是由于输液液体选择不当的情况下，反复给予高钠的溶液引起高钠血症。

造成高钠血症的原因：第一，饲喂的饲料中含盐过多或大量输注高渗盐水时，引起高钠血症。第二，在心脏复苏或治疗乳酸酸中毒时，输注过多高渗碳酸氢钠溶液也可引起高渗透压和高钠血症。第三，幼畜腹泻后输盐水过多也很容易发生高钠血症。

特征：高钠血症可造成细胞外液处于高渗状态，临床上以神经系统症状为主要表现，患病动物表现骚动不安、易受刺激，渗透压继续升高则可出现震颤、共济失调、惊厥及昏迷等现象。

输液原则：重点是摄入水分，应用排钠型利尿剂。纠正高渗状态不宜过急，如快速输入不含电解质的溶液过多，有时可以出现痉挛现象，一般主张在48h内逐渐纠正高钠血症是比较合适的。

（2）钾的代谢紊乱

1）低钾血症。正常动物在正常进食情况下很少会形成低血钾症，通常低血钾症的发生常伴随着疾病或是药物治疗的进行而发生。

造成低钾血症的原因主要有两点：第一，K^+的摄入不足。常见于慢性消耗性疾病。术后长期禁食或食欲减退的患病动物，或是动物长期喂饲含钾少的饲料，K^+的来源缺乏，而肾脏仍照常排钾，从而造成低钾血症的发生。第二，钾的排出增加。食欲废绝的动物若发生严重腹泻、呕吐、多尿等症状时则很容易发生低血钾症，主要是因为消化液大量丧失，不但会影响到K^+的吸收，并且还会增加K^+的丢失；长期应用肾上腺皮质激素、可的松等会促使K^+排出增多，血钾降低；创伤、大面积烧伤和妊娠毒血症的后期由于食欲减退及肾上腺皮质激素分泌增多，易发生低钾血症；在大量输液时，由于促进利尿可增加钾的排泄，也可导致低血钾。

在临床上低血钾症表现为食欲减退，患病动物精神不振，嗜睡，骨骼肌无力，步态不稳，逐渐发展成肌肉麻痹；动物可出现平滑肌无力，肠蠕动弛缓，少尿甚至无尿；心肌兴奋性增高，常引起心律失常、心悸等，严重时发生心力衰竭。

若动物可以通过口服方式进行补液，则首选口服补钾。在补钾盐之前，应首先改善肾脏功能，恢复排尿后再补给钾盐，即所谓见尿后补钾。因K^+的突然增高会对动物心脏造成影响，严重时会发生心律不齐和停搏，因此在纠正机体缺钾的过程中要十分注意，K^+浓度不应大于3g/L，量不宜过多，且输液速度应低于80滴/min。

2）高钾血症。各种造成血钾聚集在体内或排钾功能有障碍的情况均可造成高钾血症。主要造成高钾血症的原因为：第一，钾的输入过多。输入含钾溶液速度太快或钾浓度过高，特别是在肾功能低下、尿量少时（如动物出现下泌尿道阻塞、肾上腺皮质功能不足），常可引起高钾血症。第二，钾的排泄障碍。当急性或慢性肾衰竭而使肾脏排钾减少，可引起高钾血症。第三，钾从细胞内体液转移至细胞外体液。大面积烧伤、创伤的早期和溶血后，由于大量组织细胞被破坏分解，释出大量的K^+，从而使血浆中K^+含量升高。在发生代谢性酸中毒、血液浓缩时也会加重高血钾的程度。

高钾血症的主要表现为心搏徐缓和心律不齐，患病动物极度疲倦和虚弱，动作迟钝，出现肌肉疼痛、肢体湿冷、黏膜苍白等类似缺血现象，有时呼吸困难，严重者出现心搏骤停，甚至突然死亡。

输液原则：首先是应急措施，保护心脏免于钾中毒，其次是促使多余的钾排出体外。

① 应停给一切含钾的溶液或药物；静脉输入5%碳酸氢钠溶液以降低血钾并同时纠正可能存在的酸中毒，一开始可用5%碳酸氢钠60～100mL静脉推注，再继续输入5%碳酸氢钠100～200mL，静脉内滴注。

② 给予高渗葡萄糖和胰岛素：一般用25%的葡萄糖溶液，以2～4g葡萄糖：1IU的比例加入胰岛素，200mL的葡萄糖溶液可加入12IU的胰岛素，静脉滴入，可使血浆浓度

暂时降低，此项注射，可每 3～4h 重复一次。

③ 给 10% 葡萄糖酸钙溶液以对抗高血压引起的心律失常，必要时可重复使用，需要根据动物个体的大小选择合适的剂量。

（3）钙的代谢紊乱　机体 Ca^{2+} 的缺乏可见于甲状旁腺功能减弱、肾脏功能障碍、氟中毒及软骨病等疾病。Ca^{2+} 对动物体细胞活性十分重要，当细胞外液 Ca^{2+} 浓度增高时，心肌收缩力增强，反之则减弱。当 Ca^{2+} 减少时，则肌肉 - 神经系统的兴奋性增高，易发生痉挛。血浆中 Ca^{2+} 缺乏时，会导致血管壁通透性增强，相反 Ca^{2+} 增多时，可减弱血管壁的通透性，因此当 Ca^{2+} 不足时，血浆成分会向组织中渗出，在炎症反应初期，可以给予一定钙盐，防止炎性水肿的发生和发展，当血浆中钙不足时，也会出现血浆的凝固性减退的现象。

（4）镁的代谢紊乱　在血浆中的镁，80% 是以离子形式存在，20% 会与蛋白质相结合。镁和钙一样是生理上的重要离子，Mg^{2+} 是维持神经 - 肌肉接合部功能所必要的离子，Mg^{2+} 在动物体内的正常血浆含量较低，如超过正常含量 2 倍就能引起中枢神经系统的中等程度的抑制，4 倍时则可完全麻痹，但这种抑制作用可被 Ca^{2+} 拮抗。

3. 酸碱平衡紊乱　体液必须维持在固定的酸碱值才能确保身体的正常运作，在身体的很多代谢中都会产生酸。例如，蛋白质及磷脂质的代谢会产生 H^{+}，而碳水化合物及脂肪的代谢则产生 CO_2，进而生成碳酸，所以身体必须有精密的酸碱平衡系统，才能保证机体酸碱平衡。体内酸性或碱性物质过多，超出机体的调节能力，或是肺、肾的调节酸碱平衡功能发生障碍后，均可引起体内酸碱平衡失调。此外，当机体发生水、电解质平衡紊乱时，往往并发不同程度的酸碱平衡紊乱，机体通过自身的缓冲系统，使进入机体内的一定量的酸或碱得以中和，而体液仍保持原来的 pH，所以机体在发生轻度紊乱的时候完全可以通过自身对酸碱的调节能力进行调节，但严重紊乱时，必须消除造成紊乱的原因，给予治疗加以纠正，才能恢复平衡。

酸碱平衡紊乱的类型是根据失调的起因来区分，由于碳酸氢钠含量的减少或增加而引起的酸碱平衡紊乱，称为代谢性酸中毒或代谢性碱中毒。如果由于肺部呼吸功能异常，导致碳酸增加或减少而引起的酸碱平衡紊乱，称为呼吸性酸中毒或呼吸性碱中毒。

（1）代谢性酸中毒　代谢性酸中毒在临床上很常见，主要是由于血液缓冲对 [HCO_3^-] / [H_2CO_3] 中的 HCO_3^- 减少引起的。

1）原因：①动物长期不进食饲料，体内储存的糖消耗殆尽，动用了脂肪，从而产生大量的有机酸。②患吞咽障碍的患病动物，所分泌的唾液不能进入消化道，因长时间丢碱可引起酸中毒。③严重感染、大创伤、大面积烧伤、大手术、休克、机械性肠阻塞等，可引起代谢性酸中毒。其原因是：由于组织乏氧，产生许多氧化不全的酸性产物，机体损伤、感染，微生物的分解产物和代谢产物及组织的分解产物大量积聚于体内或被吸收进入到血液循环之中，造成血液 pH 急剧下降，导致酸中毒。④酮病（血液中产生大量酮体）、软骨病、佝偻病等，当营养中的磷单方面过多时，则血液中的 $H_2PO_4^-$ 含量增多，HCO_3^- 含量减少，从而导致血液酸中毒。

2）特征：临床可见呼吸深而快，黏膜发绀，体温升高，出现不同程度的脱水现象，血容量降低，血液黏稠性增高。化验室检查可见红细胞压积增高，CO_2 结合力下降，pH 偏向酸性，HCO_3^- 含量减少。最后有可能引起循环衰竭，破坏肾脏调节机能，使病情进一步恶化。

3）输液原则：主要从两方面着手，①纠正水与电解质及酸碱平衡紊乱，同时也要消除引起代谢性酸中毒的原因。②要努力促进肾及肺功能的恢复，这对纠正代谢性酸中毒有关键性的作用。

（2）代谢性碱中毒

1）原因：①马的继发性胃扩张和牛的许多胃肠道疾病（如肠套叠、皱胃扭转或移位、皱胃阻塞及各种原因引起的食滞等）都可发展成为严重的代谢性碱中毒。这些疾病可使大量的氢离子丢失在胃内，胃分泌盐酸需 Cl^- 从血液循环中移入到胃，由于这些 Cl^- 从 HCl 分解后也不能从肠管再吸收到血液循环中，因此这些 Cl^- 也丢失在胃肠内，在分泌盐酸过程中产生大量 HCO_3^-，HCO_3^- 可从细胞移入到血液循环中，使血中 HCO_3^- 含量增加而引起。②治疗中长期投给过量的碱性药物，使血液内的 HCO_3^- 浓度增高，pH 上升，遂发生碱中毒。③缺钾可导致代谢性碱中毒。不进饲料、钾摄入不足、胃肠分泌液丢失、长期服利尿剂等，都可由于缺钾造成代谢性碱中毒。

2）特征：主要表现呼吸浅表缓慢，并可能有嗜睡甚至昏迷等精神障碍，临床上也可见到水丢失的一些症状。化验室检查可见尿呈碱性，CO_2 结合力增高，pH、HCO_3^-、红细胞压积均升高，血氯含量降低。

3）输液原则：胃肠减压与呕吐的患病动物，应按丢失的胃液量给以补充水和电解质。轻症患病动物可给等渗或低渗盐水，此类患病动物多有低氯低钾的情况，所以应考虑补氯、补钾，每升溶液中加氯化钾 1.5～3g，并且补钾还有助于碱中毒的纠正。

对持续性呕吐的重症患病动物，须尽快矫正混合性脱水，恢复体液容量，保证细胞的正常生理环境，可使用 2% 氯化铵溶液加入 5% 葡萄糖等渗盐水 500～1000mL 静脉内缓慢滴入纠正碱中毒，若动物伴有周围循环衰竭，如肝、肾功能减退，则不能使用氯化铵，可利用盐酸纠正碱中毒。

（3）呼吸性酸中毒

1）原因：由于心、肺疾病引起的肺内气体交换功能减退，机体生成的 CO_2 不能充分排出，血液中碳酸浓度增多，从而导致血液 pH 下降。可见于呼吸道机能障碍、肺实质疾病（支气管炎、肺气肿、肺炎、肺水肿等），肺循环机能障碍及麻醉中的通气不良等。

2）特征：主要根据原因不同，表现不同的呼吸形式，如呼吸器官疾病引起的，可见呼吸困难、发绀甚至昏迷，而麻醉引起呼吸中枢抑制时，呼吸缓慢而不规则。化验室检查血液中 CO_2 分压（P_{CO_2}）增高，血浆 HCO_3^- 浓度增高，pH 偏酸性，CO_2 结合力上升。

3）输液原则：注意病原疗法，在抢救中注意从体内有效地排除 CO_2，但不可排除过快，以免血压骤降，输液输血时应注意血液循环容量不足的问题。重症患病动物可做气管切开术，同时控制肺部感染，在药物上使用抗酸中毒药。

（4）呼吸性碱中毒

1）原因：呼吸性碱中毒主要是由于中枢神经系统受到损伤，动物过度换气，从而造成 CO_2 排出过量，体内 P_{CO_2} 降低，引起低碳酸血症，造成呼吸性碱中毒。造成过度换气的原因临床上有高烧、颅脑损伤、低氧症、肝昏迷、严重的感染与创伤、术后反应等，还有可能是注入过量水杨酸盐引起血浆中水杨酸浓度过高，刺激呼吸中枢，也可引起过度换气。

2）特征：主要表现呼吸加深、快速且不规整，动物缺氧，症状为四肢麻木、肌肉震颤、四肢抽搐、心率过快等。血中 pH 上升，P_{CO_2} 和二氧化碳结合力（CO_2CP）下降。

3）治疗原则：积极处理原发病，减少二氧化碳的呼出，吸入含 5% 二氧化碳的氧气，给予钙剂进行对症治疗。

【评价标准】

可以正确书写出以下内容：造成钠离子、钾离子代谢紊乱的主要原因；钠离子、钾离子代谢紊乱不同类型的特征及输液原则；酸碱平衡的分类；造成不同酸碱平衡紊乱的原因及症状。

从以上内容中随机选取三项进行考核，回答正确两项为合格，全部正确记为优秀。

项目四　液体类型输液途径

【学习目标】

掌握补液所需晶体溶液和胶体溶液的种类和适用范围。掌握输液途径的主要类型及适应证。

【常用术语】

晶体溶液　胶体溶液　补液性溶液　维持性溶液　高渗性溶液　静脉输液　皮下输液　口服补液　腹腔输液

【概述】

（一）液体类型

在液体治疗之前，对动物的体况进行检查，判定动物的脱水类型，从而选择合适的液体进行补液治疗，这是兽医的一项基本功。

补液液体可以分为晶体溶液和胶体溶液（图 6-3）。晶体溶液又可以进一步分为补液性溶液、维持性溶液及高渗性溶液三类。

图 6-3　临床上常用的各类液体

从左至右依次为：乳酸林格液、林格液（复方氯化钠）、5% 葡萄糖注射液、0.9% 氯化钠注射液、脂肪乳注射液、5% 复方氨基酸注射液、羟乙基淀粉

1. 晶体溶液

（1）补液性溶液

1）0.9% 氯化钠溶液：每 100mL 0.9% 氯化钠溶液中含 Na^+ 和 Cl^- 各 154mmol，其渗透压与血液相似，是最常用的输液液体。0.9% 氯化钠溶液中 Na^+ 含量与血浆中含量相似，但是 Cl^- 含量却远远高于血浆中的 Cl^- 含量，从而造成大量补液时，会发生肾脏无法排出多余的 Cl^- 而产生高氯血症性代谢性酸中毒的情况。当机

体发生高血钾症或是高血钙症的时候，不适合输入含有 K^+ 和 Ca^{2+} 的液体，因此就可选用 0.9% 氯化钠溶液作为补液的主要液体。

2）5% 葡萄糖溶液：5% 葡萄糖溶液在进入到机体后，会被迅速地分解为二氧化碳和水，释放出能量，每 1g 葡萄糖氧化分解可以产生 0.6mL 的水，所以相对于细胞外液来说，5% 葡萄糖溶液是属于低渗性的输液液体。5% 葡萄糖溶液，仅含有葡萄糖，而不含任何离子，因此当脱水的患病动物患有心脏病等无法耐受 Na^+ 的疾病时，本品就是首选的输液液体。除此之外，葡萄糖溶液还可以用来治疗低血糖症和高血压症。

3）乳酸林格液：其成分为 Na^+，130mmol/L；Cl^-，109mmol/L；乳酸根，28mmol/L；K^+，4mmol/L；Ca^{2+}，6mmol/L，是常用的补液性液体，其与人体渗透压相同且与细胞外液电解质组成相似，因此当机体损失大量体液时，使用与血浆和细胞外液电解质及渗透压相似的乳酸林格液则较为合适，但是对犬、猫等动物而言，乳酸林格液 Na^+ 浓度稍显不足，渗透压也稍低，但是兽医临床上也还是把它归类为等渗性液体进行使用。乳酸林格液中所含的乳酸可以被肝脏转化成 HCO_3^-，而 HCO_3^- 具有碱化的作用，有助于纠正机体酸中毒，因此其主要用于预防酸中毒、大量失血、缺水症及电解质紊乱等。但是由于乳酸林格液含有乳酸且会加重肝脏负担，因此有乳酸血症或肝肾功能不全的动物需要慎重使用。

4）林格液：与生理盐水（0.9% NaCl 溶液）相比林格液含有一定量的 K^+ 和 Ca^{2+}，离子成分更为完全，可以替代生理盐水进行使用。虽然林格液中含有 KCl 和 $CaCl_2$，但其 K^+ 和 Ca^{2+} 含量较少，因此不能期望于利用林格液来纠正低血钾与低血钙，并且由于其中含有钙离子，因此林格液不能作为血的稀释液进行使用，以免发生凝血，应用乳酸林格液时也要注意相同问题的发生。

林格液与乳酸林格液不同处在于它不含有乳酸，因此没有纠正酸中毒的效果，并且林格液含有较高浓度的 Cl^-，而 Cl^- 可以取代 HCO_3^- 与 Na^+ 结合，在肾小管处被重吸收，因此会使动物机体减少对了 HCO_3^- 的重吸收，造成机体内 HCO_3^- 含量降低，体液调节酸碱平衡能力降低，使体液偏向酸性，所以林格液也被认为是一种使体液酸化的补液液体。当动物体丢失大量 Cl^-（如异物阻塞或肿瘤造成幽门阻塞导致胃液流失），便会造成碱血症，此时体内 Cl^- 含量不足，为纠正碱血症，便可以选择富含 Cl^- 的林格液，让足够的 Cl^- 与 Na^+ 相结合，而排出 HCO_3^-，从而纠正碱血症的状态。

（2）维持性溶液　维持性溶液在渗透压上与正常血浆成分相比属于低渗性溶液，这类溶液具有低钠、低氯、高钾的特点，正因其具有该特点，所以在用途上与补液性溶液有一定区别，当兽医对一个脱水的患病动物进行补液治疗后，其不再有呕吐、腹泻等症状，但仍拒绝饮水时，就仍需要为其提供输液让其维持良好的水合状态，若此时继续给予常用的补液输液（乳酸林格液），因其高钠低钾的特性，不足以补足因日常代谢流失的 K^+，且摄入的 Na^+ 含量偏高，就可能造成高血钠及低血钾。如果是健康动物，肾脏可以排泄过多的 Na^+，并尽力地保留住 K^+，机体进行自我调整机制，但是多数需要输液治疗的动物是不健康的，无法适当地调整离子状态，因此在持续输入乳酸林格液状况下，便会形成高血钠、低血钾的状态，因此兽医需要在适当的时候调整输液原则，改选维持性输液，维持性输液液体中含较低的 Na^+、较高的 K^+，以及较低的渗透压，适合上述情况的输液治疗。如果患病动物再次出现呕吐或腹泻的症状时，表示患畜有进行性的水分及离子流失，就必须将输液由维持性输液再转换成补液性输液。

0.45% 氯化钠+2.5% 葡萄糖溶液是将 0.9% 生理盐水与 5% 葡萄糖等体积混合后得到的一种溶液，其与血浆相比渗透压较低，且 Na^+的浓度也只有生理盐水的一半，所以符合维持性输液的低渗透压及低钠离子两项准则，但由于本品中并不含有 K^+，所以在本品中添加适量的 K^+后，才能算是真正的维持性输液。也可以使用 2.5% 葡萄糖溶液+1/2 乳酸林格液的配比进行维持性输液治疗，该溶液将乳酸林格液代替 0.45% 氯化钠溶液与 2.5% 葡萄糖溶液混合，就可以产生低渗透压、低钠高钾的维持性输液溶液。

（3）高渗性溶液

1）高渗性葡萄糖液：只要渗透压高于细胞外液的任何浓度葡萄糖液都属此类，较常见的商品为 10%、20%、50% 葡萄糖溶液，当然我们也可以将葡萄糖液加入各种商品化补液液体内以调制出适当的溶液。高渗性葡萄糖液主要是在全静脉营养输液中当作一种热量的来源来使用，临床上也常用 10% 葡萄糖溶液来当作一种渗透压利尿剂，以促使急性少尿性肾衰竭的患畜生成更多的尿液。全静脉营养输液中含有 50% 葡萄糖溶液，是非常高渗性的液体，如果是经由小的外周静脉（如头静脉或隐静脉）注射的话，会引起血管壁的刺激作用。因此高渗性的液体应该经由较大的血管（如颈静脉）来给予，因为此处血流较快，能快速地稀释注射进入的高渗性液体，也减少高渗性输入液体与血管内壁的接触时间，就能降低血管内壁的刺激作用。

2）高渗氯化钠溶液（7.5% NaCl）：本品为 7.5% NaCl 溶液，渗透压要比正常血浆渗透压高近 10 倍，其主要使用于低血溶性休克的状态，注射少量本品进入血液循环中，可以提高血浆的渗透压，让细胞内液的水分移向细胞外液（血浆），使得血容增加，维持血压，增加心输出量，并且可以维持重要器官的血液灌流，注射本品之后应立即给予大量等渗性输液用以重建细胞外液与细胞内液的液体平衡。

2. 胶体溶液

1）羟乙基淀粉：羟乙基淀粉是一种商品化的代血浆胶体溶液，用来治疗出现低血容量的疾病，由于其所提供的高渗透压会造成水分进入血管中并滞留，所以有可能会造成血容过载，因此当患病动物并非是低血容休克时，给予这种溶液或许反而是有害的，而且该胶体溶液并无携氧能力，所以实际上并无法取代全血或红细胞。因为可能造成血容过载，所以羟乙基淀粉禁止用于严重心力衰竭、无尿或少尿的肾衰竭患畜，使用于肾功能障碍、充血性心力衰竭、肺水肿的患畜也应特别的小心注意。由于会影响血小板的功能，因此禁用于严重出血障碍的患畜，使用于血小板减少症或进行中的中枢神经系统手术时应特别地小心注意。还可能因为会间接地使血清胆红素上升，所以应用于有肝脏疾病的动物时应特别小心。

2）右旋糖酐：右旋糖酐是一种商品化的胶体溶液，是由蔗糖经肠膜明串珠菌 -1226 发酵生成的一种高分子葡萄糖聚合物，经处理精制而得。依据右旋糖酐分子质量的不同可以分为中分子质量右旋糖酐（平均相对分子质量 6 万～8 万）、低分子质量右旋糖酐（平均相对分子质量 2 万～4 万）和小分子质量右旋糖酐（平均相对分子质量 1 万～2 万）三种产品。

右旋糖酐能提高血浆胶体渗透压，增加血浆容量和维持血压，可以阻止红细胞及血小板聚集，降低血液的黏稠性，因而具有改善微循环的作用。右旋糖酐主要经由肾脏排泄，排泄速度与其分子质量大小有关，其所提供的高渗透压作用可以持续数小时至数天。

中分子右旋糖酐主要是用作血浆的代用品，可用于出血性休克，低分子、小分子旋糖酐能改善微循环，预防和消除血管内红细胞聚集和血栓的形成。同样低分子、小分子旋糖酐也有扩充血容量的作用，但是它们的作用时间较中分子右旋糖酐短暂。

（二）输液方法

1. 静脉输液

静脉输液，是应用最为广泛也是最为实用的补液方法，兽医直接通过静脉注入液体或电解质溶液来纠正脱水。静脉输液需要建立一个稳定的血管通路，像牛、马、羊等大牲畜多选用颈静脉作为静脉输液的血管通路，猪多采用耳缘静脉，猫、犬等小型动物多采用桡静脉、隐静脉等。

静脉输液适用于急性病例，用药量准确，且药效迅速，适合长时间滴注。当动物体非常虚弱，生命危急，或是发生急性体液流失及大量脱水的情况下，以静脉输液方式给予药物及补液液体是最佳的选择。静脉输液的另外一个优势是兽医可以维持肾脏足够的灌注量及在建立一个血液通道给予急救时使用，能够快速将给予的水分及电解质分散到身体各处，并且可以精准地计算输液量。在身体可以忍受的范围内可以经由大的静脉快速给予一个大量的输液或者是安全地给予高张的溶液。采用静脉留置针的输液方式也是现代兽医经常采取的静脉输液方法（图 6-4 和图 6-5），留置针对血管刺激性小、柔韧性好，可以放置 2～3d，主要应用于好动难以保定及对静脉穿刺抗拒性比较大的动物，但同时也要进行观察，预防其并发症发生。静脉留置针输液常见的并发症有感染、栓塞、静脉炎、静脉留置针阻塞、渗漏等。一般采用静脉留置针输液，在留置针安置 2～3d 后，需重新建立新的静脉通路，避免并发症的发生。

2. 皮下输液 小型动物（如犬、猫）的皮肤和肌肉黏合度相对松弛，较适合使用皮下输液。皮下输液可以容纳较多的液体，并且产生的疼痛感也较轻，因此兽医对于小型动物或是年幼动物的诊疗过程中会比较常用皮下输液的方法。为了加快药物的吸收可对局部进行轻度的按摩或热敷，但是要注意的是皮下注射的药物要求是等渗和无刺激性的。

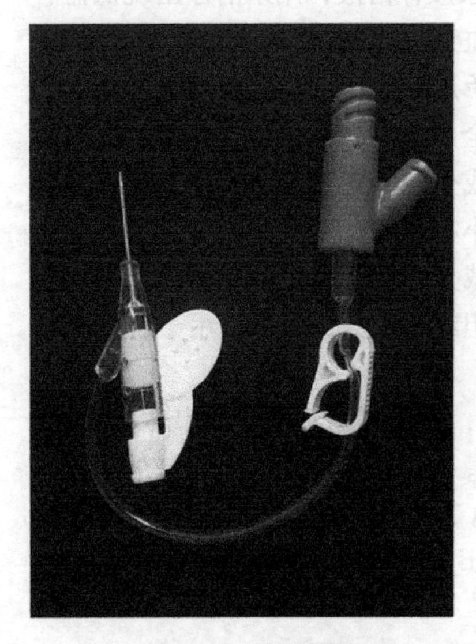

图 6-4 一次性静脉留置针

3. 口服补液 口服补液是最简单、最理想的补液方法，对于脱水程度轻，尚有饮欲或正常消化道功能的患病动物尽可能使用口服补液，以减少静脉的输液量。经口给予高张、高热量的溶液是最有效最快速的提供热量的方式。口服补液优势是操作较为简单，不良反应少，可以有效地避免补液过量，机体可以按需吸收，主动保持内环境中水与电解质的平衡，危险性最小，并且不必严格注意液体的等渗性、容积大小和溶液的无菌性。但如果动物出现食欲废绝、消化道

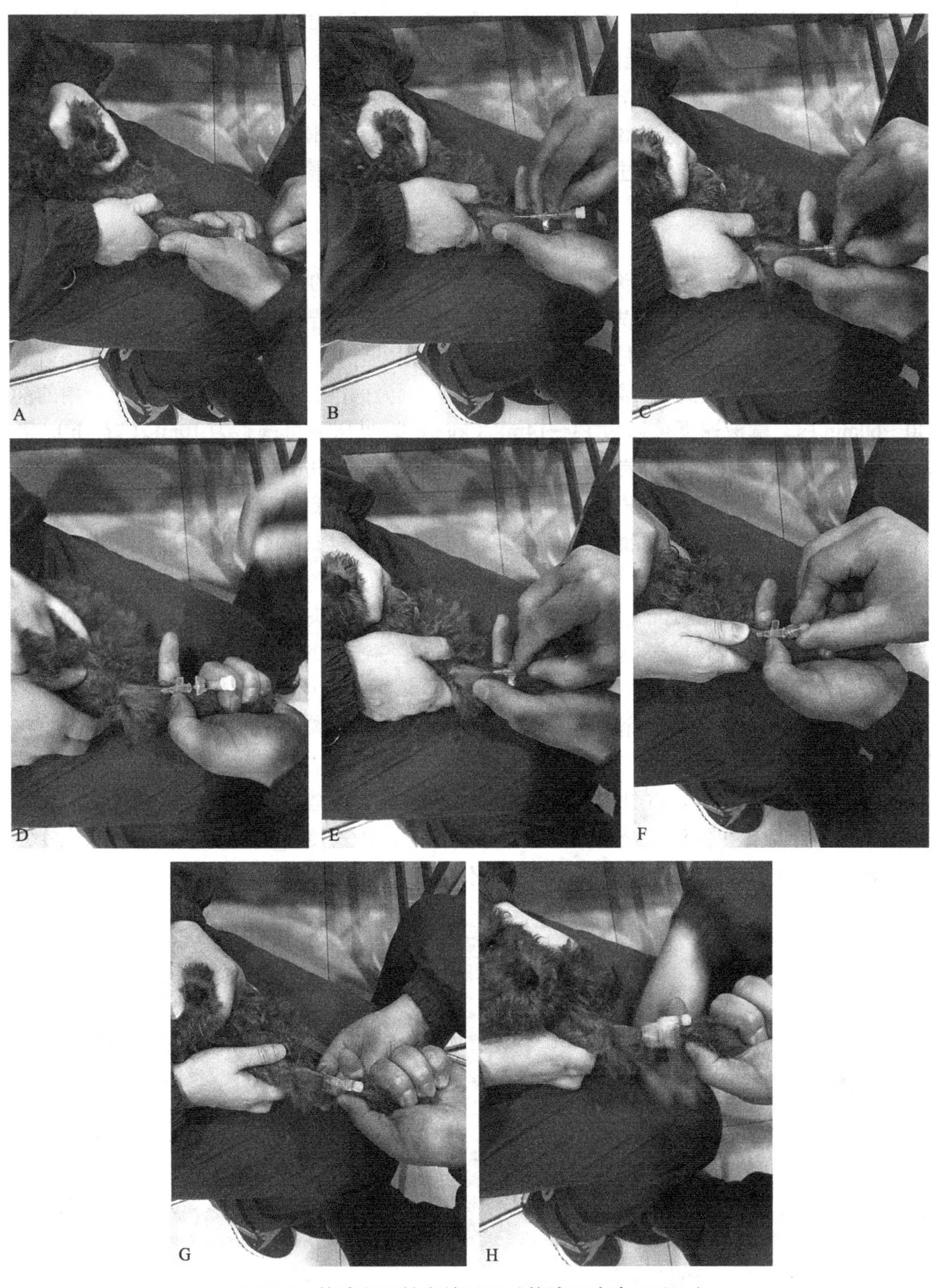

图 6-5　静脉留置针安放过程（静脉通路建立过程）

A. 保定动物，充分暴露前肢静脉；B. 将一次性留置针刺入血管；C. 回抽钢针观察是否有血液回流；D. 抽出留置针内钢针；E. 顺正留置针；F. 安装肝素帽；G，H. 固定静脉留置针

功能紊乱、脱水较为严重的情况时，则应采用静脉补液进行液体补充。如果动物无明显的消化道症状，但精神沉郁、食欲减退，则可考虑通过鼻胃管、食道胃管、胃管等方式提供一个直接给予液体的通道。

4. 腹腔输液　腹腔有较大的液体吸收面积，吸收能力强并且腹腔可以容纳大量的药液，因此当动物静脉输注出现困难时，可进行腹腔注射和治疗。一般腹腔注射要求液体无刺激性且等渗，在输注过程中要注意无菌操作，大量输注药物时，应将药物温度升至与体温相近后再进行注射。

（三）输液速度

输液的速度需要视输液途径、液体种类，以及动物的病情需要、心脏耐受力等条件而定。一般情况下是采取先快后慢的方式进行输液，若动物是在休克的状态下，能多快就多快，在一个小时的时间给予将近全身血量的输液（猫的血量为 60mL/kg，犬为 90mL/kg），非休克状态下通常是以见动物是否排尿为标准，在排尿前或是输液开始的前 40～60min 内，输液速度可以为 13～14mL/(kg·h)，见尿后可调整为 10mL/(kg·h)，若 1h 后仍不见动物排尿，则需要将输液速度继续降低，调至 9mL/(kg·h) 为宜。若动物脱水，可以快速地补充一半的脱水量，所剩余的脱水量可在接下来的 12～24h 内匀速输完。需要注意的是，如果静脉输液中含有 K^+的话，就必须考虑 K^+给予的速度，每小时不要超过 0.5mmol/kg。

一般的点滴管多是 1mL 为 10～20 滴，兽医可以根据头皮针的型号及点滴管节流阀控制输液速度。使用输液泵是一种提供精准且速度一致性的输液治疗方法，输液泵可以调节输液速度和预定输液量，输液泵还可以根据自身的推力克服，输液留置针因动物姿势而造成的阻塞，并且会利用其感应器进行监测，防止输液过程中发生液体排空、输液管打结、压力过大、产生气泡等问题，因此有能力的医院应尽量配制输液泵，进行科学、精确的补液治疗（图 6-6 和图 6-7）。若医院无条件设置输液泵，最好可以在动物输液的脚上加装固定架，在保证完全畅通的状况下再进行点滴速度的调整，否则输液的速度便会随着动物的姿态发生变化，造成输液速度不稳定。

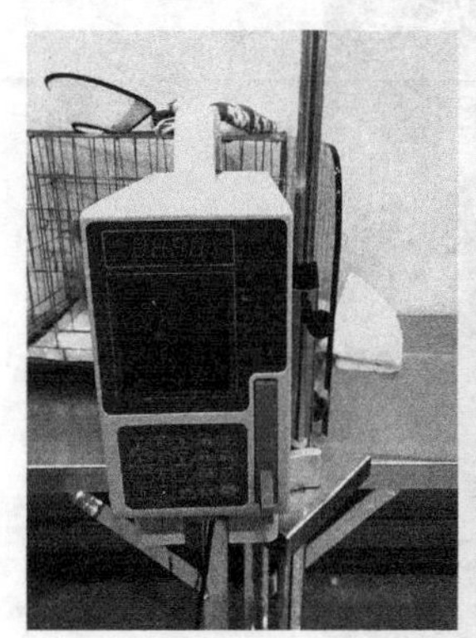

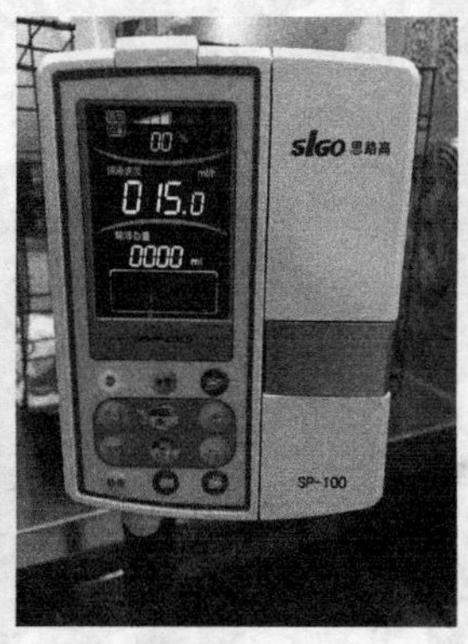

图 6-6　静脉输液泵

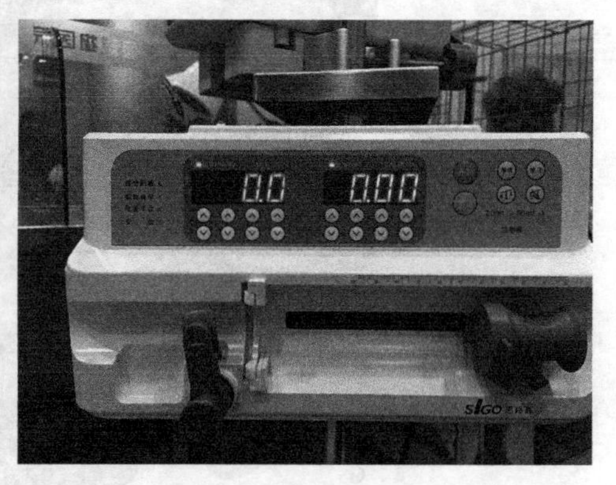

图 6-7　静脉注射泵

正在使用中的点滴输液应该贴上说明的贴纸标签，注明输液的速度、输液内额外添加的药剂、时间，让其他的工作人员能随时地检查。

快速输液注意事项：①犬只最快的输液速度不要超过 90mL/(kg·h)。②猫最快的输液速度不要超过 60mL/(kg·h)。③输液内若添加有 KCl 时，必须确认 K^+ 速度不可超过 0.5mmol/(kg·h)。④应先用 X 线确认是否有心肺异常。⑤若呼吸速度超过 60/min 时应先停止输液，并照 X 线确认心肺状况。⑥监测血容比及血浆总蛋白维持血容比＞20%，血浆总蛋白＞4g/L。⑦犬、猫麻醉下的正常输液速度为 10～20mL/(kg·h)。

【评价标准】

可以正确书写出以下内容：晶体溶液的三种分类；按分类写出 6 种及以上临床主要使用的晶体溶液，并要求每一种分类中至少可以写出一种；可以写出 4 种输液途径的名称及其适用范围；可以计算出犬、猫等小型动物的全身血量，以及一般输液状态下的输液速度。

要求学生可以根据实验动物的体重及脱水状态，计算出所需的输液量及输液速度，选择出合适的补液液体，并进行操作。

从以上书写内容进行考核，全部正确为合格，可以完成具体输液操作记为优秀。

任务二 输血疗法

项目一 输 血

【学习目标】

掌握输血的概念、输血的作用及意义、输血的应用范围。

【常用术语】

输血 红细胞 白细胞 血小板

【概述】

输血疗法是给患病动物静脉输入保持正常生理功能的同种属动物血液的一种治疗方法。现在治疗法中的输血，除了可以利用全血，也可输入血浆中的各个组成部分，如血浆、红细胞、白细胞等。有时也可使用血液的代用品或人工制品，如血纤维蛋白原、免疫球蛋白、球蛋白、浓缩白细胞、浓缩白蛋白、凝血致活酶和凝血酶等。

1. 输血的作用和意义 输血疗法是替代疗法的一种，可以替代和补充不足地血液，输血可以部分或全部地补充血液中的细胞成分，如红细胞、白细胞、血小板等，以及某些营养物质和其他生命必需的物质，如激素、维生素、矿物质等。

输血的替代作用在输血之后立即出现。即在增加脾、肝及其他储血器官的贮备量的同时，循环血量得到恢复，随之缺氧现象减轻，主要是由于红细胞得到了补充，整体状态明显好转。输血疗法除了替代作用之外，还具有止血、解毒和刺激作用，其止血作用是通过促进凝血过程而达到的，输入血液能激活肝脏、脾脏、骨髓等各种组织的功能，并可促使血小板、钙盐和凝血酶进入血流中，外周血液中的白细胞、血小板的数量增多，这些对促进血液凝固有重要作用，输血后引起血凝作用的增强和加速，有重要的实际意义。输血疗法的解毒作用取决于多种因素，主要有稀释血液循环中的毒素，使其对血管感受器的刺激作用减弱，毒素被红细胞吸附，一部分毒素被输入血液中的酶类所破坏，以及血浆蛋白的抗毒素等作用。

输血对机体有一定的刺激作用，这种刺激首先作用于血管内感受器，并通过神经系统而影响到各个器官组织，使中枢神经功能恢复的同时使神经系统和各个器官的功能联系正常化，血液循环及呼吸活动恢复，机体的氧化还原过程增强，改善机体的新陈代谢。

此外，对传染性疾病输血可起一定的生物学免疫作用。但以此为目的时，必须考虑患病动物的患病时期以及机体的反应状态等特点。

2. 输血疗法的适应证及禁忌证

（1）输血的应用范围　输血疗法主要用于急性大失血、休克、虚脱、出血性素质、造血机能障碍以及某些慢性贫血，新生幼畜溶血病也可应用。对某些毒物中毒（如一氧化碳中毒、化学毒物中毒等）、饲料中毒或严重烧伤、某些败血症，也均有一定的治疗作用，此外，当发生营养性溃疡、化脓性瘘管、愈合迟缓的创伤时，配合局部治疗，输血疗法常收到明显的疗效。

除输注全血外，输注血液的各组成成分，主要用于：输红细胞适用于机体内红细胞的破坏加速、造血机能代偿不足、败血症或脓毒症时红细胞破坏过多及造血功能减退，某些溶血性贫血（若血浆蛋白属正常范围可仅输红细胞以纠正贫血）。输血浆适用于非失血造成的血容量减少，如严重的烧伤等。输血疗法在兽医外科临床，已被广泛应用，治疗效果表现为：创伤局部坏死组织迅速离脱，创内健康肉芽组织增生迅速，患病动物的全身状态改善、呼吸减慢、脉搏充实有力，体温恢复正常，贫血症状减轻或恢复，机体的生物学防御功能增强等。

输血疗法的效果取决于多种因素，如受血机体的反应性、防卫功能状态、主要病理过程、输入血液的数量和质量以及输血的方法等。

（2）输血的禁忌证　严重的心脏病、肾病及肝病时严禁输血。

【评价标准】

可以正确书写出以下内容：输血疗法的概念；至少写出6种血液制品的名称；至少写出5种输血的适用范围；写出输血的禁忌证。

对以上内容进行考核，回答正确三项为合格，全部正确记为优秀。

项目二　血型及血液相合性的判定

【学习目标】

熟练掌握血液相合性试验内容及方法；了解不同动物的血型组成。

【常用术语】

血型　凝集原　凝集素　血液相合性试验

【概述】

（一）血型

输血时选择健康并有相适应血型的供血动物是输血的先决条件，如果供血动物与受血动物的血型不相适应，两种血液混合后可能会发生输血反应，严重的可危及生命，因此在输血前必须做血液相合性试验。

所谓血型，是指血液的不同类型。血型的区分，主要根据红细胞的不同抗原（凝集原）和血清中含有的不同抗体（凝集素）而定，通常在红细胞中含有某种凝集原，而在血清中则含有凝集素，当将相同血型的血液相混合时，不产生血凝集现象，如不相同血型的血液混合时，则凝集原在凝集素的作用下，先行凝集，继则溶血，受血动物接受了不相合血液就会引起输血反应。当从某一动物个体采血并注入某一同种属动物的体内时，受血动物体内能在一定时间里，产生免疫性抗体，如在一段时期中多次注射由同一动物个体采取的血液时，也可产生输血反应。

由于组织细胞与红细胞之间也有很多共同抗体，因此如注射组织细胞同样可产生高浓度的抗体以对抗红细胞，引起输血反应。

由于血型与遗传及其因子有关，因而不能用种公畜的血液，给由它配种的母畜或将要用它配种的母畜输血，以免产生同族免疫反应，引起新生仔畜溶血症。

现有资料记载，牛的血型较为复杂，可能有 11 或 12 型（认为有 11 型者分为 F-V、AH、SU、B、C、D、J、L、M、Z 及 Z 系统）。马的血型分为 4 型（类似人的血型，即 A、B、O、AB 型）。犬的血型也比较复杂，根据异种免疫抗体分为 A、B、C、D、E 5 型，目前国际上比较公认的血型有 7 种，分为 A、A2、B、C、D、E、F、G 8 个因子。对牛输血，通常较少发生输血反应，24h 内可重复输血 3～4 次。

（二）血液相合性判定

输血前必须进行血液相合性试验，以防止发生输血反应，相隔 5～7d 做重复输血时，此项试验尤为必要。血液相合性试验临床上常用的方法有：玻片凝集试验法和生物学试验法。两者结合应用，更为安全可靠，某些条件不具备时，也可做简便的三滴试验法。

1. 交叉配血试验　配血试验主要是检验受体动物血清中有无破坏供血动物红细胞的抗体，如果受血动物血清中没有能使供血动物红细胞被破坏的抗体，即称为配血相合，若供血动物的红细胞被破坏，则称为配血不合。交叉配血实验又有主侧和次侧之分，将受体动物的血清与供血动物的红细胞配合试验，成为主侧。若要一次性输入大量的血液则需要将受血动物的红细胞与供血动物的血清进行配血，称为次侧试验（图 6-8）。

（1）操作方法

1）取两支试管分别标记受血动物和供血动物。分别由供体和受体动物静脉中采血 5～10mL，分别装入标记的试管内，室温下静置或离心，分离血清备用。或先将试管内装入 3.8% 枸橼酸钠溶液 0.5mL 或 1.0mL，再采血 4.5mL 或 9.0mL，离心取血浆备用。

2）选定可用做供血的动物：健康、壮龄的同种属动物作为供血动物，采血 1～2mL。以生理盐水稀释 5 倍，用稀释全血，或分离出红细胞泥，临用时再以生理盐水稀释 10 倍。受血动物红细胞做同样处理。

3）取清洁、干燥载玻片，用吸管吸取受血动物的血清（或血浆），于每一玻片上各滴加 2 滴，立即再分别用清洁吸管吸取各供血动物的稀释全血（或稀释 10 倍的红细胞泥）、滴 1 滴于血清中，作为主侧试验。次侧将受血动物的红细胞滴入供血动物的血清中。

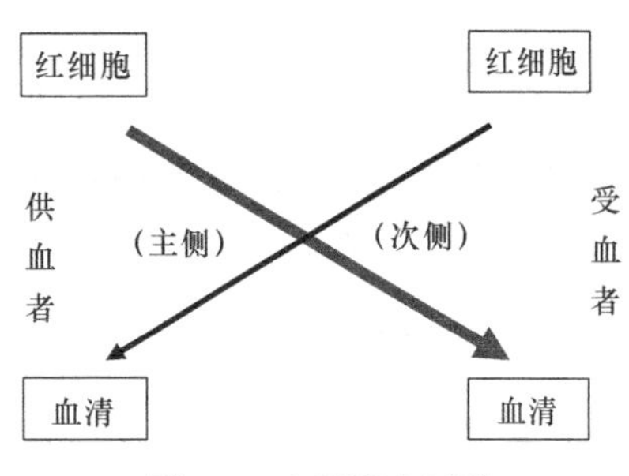

图 6-8　交叉配血试验

4）手持玻片做水平式摇动，使血清与稀释血液充分混合，经10～15min，观察血细胞的凝集反应。血细胞不凝集，为阴性结果；血细胞凝集，为阳性结果。

（2）判定标准

1）肉眼观察载玻片上主、次侧的液体均匀红染，无细胞凝集现象，显微镜下观察红细胞呈单个存在，表示配血相合可以输血。

2）肉眼观察载玻片上主、次侧或主侧红细胞凝集成沙砾状团块，液体透明，显微镜下观察红细胞堆积在一起分不清界限，表示配血不相合，不能输血。

3）如果主侧不凝集，而次侧凝集，除非在紧急情况下，最好还是不要输血，即使输血，输血的速度也不能太快，并且要密切观察动物反应，如果发生输血反应，应立即停止输血。

（3）注意事项

1）凝集试验最宜在12～18℃室温下进行。温度过低，可能出现全凝现象；温度过高，易发生假阴性结果。

2）观察结果的时间，在作用开始后不宜超过30min，以免血清蒸发，造成假凝集。

3）用做血液相合性试验的血液，必须新鲜且无溶血现象。

4）所用载玻片、吸管等必须清洁。

图6-9　三滴试验法

2. 三滴试验法　用吸管取3.8%枸橼酸钠溶液1滴，滴于清洁干燥的载玻片上，再分别吸取供血动物及受血动物的血液各1滴，滴于载玻片上的抗凝剂中，用细玻璃棒搅拌，使之充分混合，观察有无凝集现象。若无凝集现象，表示血液相合，可以输血，如出现凝集现象，则为不相合血液，不能用于输血（图6-9）。

3. 生物学试验　生物学试验是检查血液是否相合的较为可靠的方法，必须在输入全剂量血液之前进行。无论是第1次输血或是重复输血，无论是做过凝集试验或是没做过凝集试验，在输血前均应通过生物学试验再做检查。只有生物学试验呈阴性反应结果时，方可输入全剂量的血液。

试验时先对受血患病动物进行体温、呼吸、脉搏及可视黏膜颜色等检查，然后输血100～200mL，小动物输血10～20mL，停止后，经过10min再对患病动物进行上述内容的观察和检查。如患病动物没有任何不良反应，说明输入的血液是相合性血液，即可进行继续输血。如果注入血液后，受血患病动物出现不安现象，呼吸、脉搏增数，黏膜发绀，肌肉震颤等现象，即生物学试验阳性，说明血液不相合，应停止输血，更换供血动物。

试验所出现的反应，一般经20～30min即可消失，通常不需要处理。因牛的反应较迟顿，需注射2次，每次100mL，间隔10～15min。注前及注后进行同样的观察、检查，并根据是否出现前述反应现象而判定结果。

【评价标准】

要求熟记三种血液相合性实验的名称，可以按步骤完成交叉配血试验、三滴试验、生物学试验，并作出正确评价结果。

可以写出三种血液相合性实验名称并完成一项实验操作记为合格，准确完成全部操作并得出正确结果记为优秀。

项目三　输 血 方 法

【学习目标】

掌握抗凝剂的种类及其使用方法、血液制品的种类及应用范围；熟悉输血方法及剂量。

【常用术语】

3.8% 枸橼酸钠　10% 氯化钙溶液　10% 水杨酸钠溶液　ACD 液　CPD 保存液　CPDA-l　全血　血浆制剂　红细胞制剂　血小板血浆　冷冻沉淀品　Cryo-poorplasma　人类白蛋白　静脉注射免疫球蛋白

【概述】

供血动物必须通过临床、血液学、血清学，以及传染病、寄生虫病等多方面的严格检查，选择年龄较轻、动物体健壮、无传染病及血液原虫病的同一种属动物。供血动物的健康状态越好其血液的治疗价值越高，治疗效果的反应也越快。反之，将带有某些传染病的供血动物血液输给患病动物，其后果无疑将是严重的，因此对供血动物的选择是非常重要的。

1. 抗凝剂　血液离开机体后会迅速发生凝血反应，血液发生凝固，而输血疗法的效果其先决条件则是要保持离体血液依然是一种混悬液，只有这样，输入机体后，才能进行正常的生理功能。因此，应保持离体血液仍然具有活力，血细胞的形态结构无变化，血液中钾、钠、磷酸盐等电解质基本不变，血细胞和血浆的渗透压无增减，红细胞脆性不增加，血浆中不出现游离的血红蛋白，这些基本的生理特性能否保持，都是血液贮存过程中必须注意的问题。因此选择合适的抗凝剂，防止血液凝固，延长红细胞及其他组分活性就显得十分必要。临床上输血常用的抗凝剂有以下几种。

1）3.8% 枸橼酸钠溶液是最常用的一种抗凝剂，在无菌 4℃保存的情况下，7d 内其理化及生物学特性不会丧失。但是枸橼酸钠会与血液中的钙离子结合，使血液游离钙下降，因此在大量输血后要注意钙离子的补充。3.8% 枸橼酸钠的加入量与血液混合的比例为 1∶9。

2）10% 氯化钙溶液作为抗凝剂，其作用机制是随着钙离子的含量升高，阻止了血浆中纤维蛋白原的析出，从而起到了抗凝的作用，10% 氯化钙溶液还有抗休克、降低患病动物的反应性的作用，但是以 10% $CaCl_2$ 溶液作为抗凝剂的抗凝时间较短，仅 2h 左右。该溶液与血液混合的比例为 1∶9。

3）10% 水杨酸钠溶液的抗凝作用可持续 1～2d，与血液混合的比例为 1∶5。此溶液有抗休克的作用，且对患有风湿症的动物效果较好。

4）枸橼酸葡萄糖合液（ACD 液）既能抗凝，又是较好的血液保养液，可以供给血细胞能量并能保持一定的 pH 以维持其活力。红细胞在 ACD 保养液中，4℃条件下可贮存 29d，存活率尚保持在 70%。配合比例为：枸橼酸 0.47g、水杨酸钠 1.33g、无水葡萄糖 3g 加水至 100mL，灭菌后备用。每 100mL 全血中加入 ACD 液 25mL。

5）CPD保存液的配方是枸橼酸钠2.63g、枸橼酸0.327g、磷酸钠0.22g、葡萄糖2.55g，加注射用水至100mL灭菌后备用，CPD保存液14mL可保存血液100mL，其可作为红细胞保存液，红细胞在CPD中的存活时间和存活率要比在ACD中长。

6）CPDA-1是常见的商品化的红细胞抗凝保存剂，且容易取得。其在CPD的配方中加入了腺嘌呤，使用比例与CPD相同，最长保存时间可达35d。因为腺嘌呤可以提供红细胞储存期间合成ATP的机制，从而增加和改善了其活力。

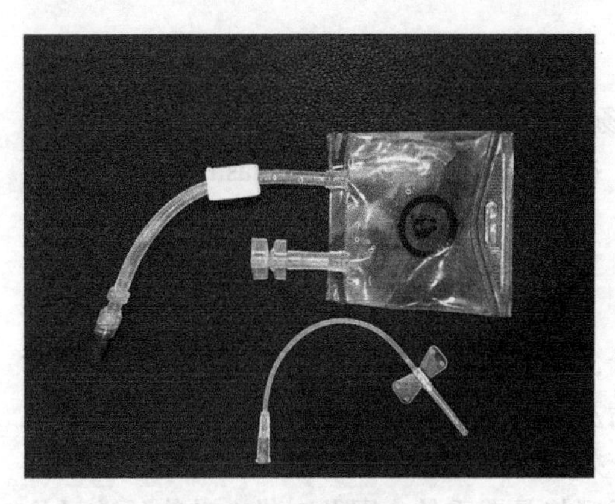

图6-10　一次性用血袋

2. 输血用具　采血用的贮血容器可用一般生理盐水瓶或是一次性塑料输液瓶代替，有条件医院可直接购买血液收集袋（图6-10）。若使用生理盐水瓶充当贮血容器需将容器充分清洁、灭菌，防止致病菌、热源等物质的存在，在使用前需用无菌抗凝剂充分接触容器表面，防止血液收集过程中发生凝血反应。血液输入器械使用一次性输液管即可。

3. 血液制品

（1）全血　全血是指血液的全部成分，包括血细胞及血浆中的各种成分，将血样采入含有抗凝剂或保存液，不做任何加工保存于专业容器中，即得到全血。

全血可以分为两类：第一类为新鲜全血，即血液采集后24h以内的全血，血液中各种成分的有效存活率在70%以上。第二类为保存全血，即将血液采集放入含有保存液的容器后尽快放入4℃的冰箱内，保存全血的保质期根据保存液的种类而定，一旦全血被冷藏之后，全血内的白细胞与血小板功能便会减弱甚至失效。

全血可用于以下几个方面：大出血，如急性失血、产后大出血、大手术等；换血，如新生儿溶血病、输血性急性溶血反应、药物溶血性疾病；血液病，如再生障碍性贫血、白血病等；全血还可用于体外循环。

在兽医领域并无标准定义多少的血量为一单位。当人类血液收集系统使用在犬的方面时，（450±45）mL的血液加上63mL抗凝剂而通常被设定为一单位。全血包含红细胞、凝血因子、蛋白质和血小板，全血起始使用剂量为10～22mL/kg。

（2）血浆制剂　新鲜冷冻血浆是由全血加上抗凝剂，然后离心取得，并于8h内冷冻处理。当全血离心可以产生血浆与浓缩红细胞液，新鲜冷冻血浆含有所有凝血因子，只要储存在血库中，以－30℃保存，在12个月后仍有功能作用，而于－200℃下保存则可以使凝血因子功能维持6个月。在冷冻条件下，塑胶储存袋会变成易脆，假如不悉心拿取则容易破裂，使血浆无法使用，因为这个原因，血浆储存在特殊盒子中来保护塑料袋子，而且在输血前更要小心取用。假如血浆解冻而未使用，可以在解冻1h内再度冷冻，这样操作不会影响凝血因子的活性。

新鲜冷冻血浆被使用于治疗广泛多样的临床病畜，但是新鲜冷冻血浆不建议作为白蛋白来源或扩张血液容积和营养支持使用。使用45mL/kg的血浆，大约可以增加血液中白蛋白浓度为1g/dL。在凝血因子缺乏的病例中，血浆可以持续给予到流血停止。在凝血功能异常的治疗中，建议的起始剂量为 6～10mL/kg。在以控制出血为目的的情况下，尤其是对于出现弥散性血管内凝血的病毒，由于凝血因子的半衰期比较短暂，可以分批多次给予。凝血功能测试的正常化可以作为停止治疗的指标。

（3）红细胞制剂　红细胞制剂是一单位的全血移除了血浆之后所留下的细胞和少量的血浆与残留抗凝剂的物质统称。其中红细胞压积为 50%～60% 的，被称为少浆全血，移除血浆后红细胞压积为 70%～80% 的称为浓缩红细胞。浓缩红细胞的应用范围与全血相类似，主要应用于大出血、贫血、缺血等红细胞缺少造成的携氧能力降低的疾病。因为浓缩红细胞中血浆已经被移除，所以输血的总量是要小于一单位的全血的，但是其携氧能力却与一单位全血相当，所以可以应用于不需要恢复血容量的贫血。

（4）血小板血浆　血小板数量或功能异常即可引起止血功能障碍，从而引发出血性疾病，此时则应考虑使用血小板输血。血小板血浆是利用新鲜全血（多以 ACD、CPD、CPDA-1 为保存液）在室温下用较低速离心方式分离出来的，根据血小板的含量可分为富血小板血浆和浓缩血小板血浆。新鲜血小板的保存较为困难，需要储存经特殊处理的塑料袋子中，且需在 20～24℃下搅动。血小板血浆主要应用于原发性、继发性血小板减少症或血小板功能异常类疾病。

（5）冷冻沉淀品　是将新鲜冷冻血浆解冻到 0～6℃时，离心移除血浆而得到的白色沉淀物，然后再次将其冷冻。冷冻沉淀品是含有温韦伯因子、纤维蛋白原、第Ⅷ凝血因子、第ⅩⅢ凝血因子的浓缩血液制品，可以有效地治疗因为凝血因子缺陷所造成的疾病。新鲜冷冻血浆中也含有相同物质，因此也可以使用新鲜冷冻血浆取代冷冻沉淀品进行治疗，但冷冻沉淀品更加浓缩且有更多凝血因子，所以其治疗效果会高于冷冻血浆。冷冻沉淀品可以用于矫正血管外凝血功能低下的状况，也可以用来治疗血友病 A。

（6）Cryo-poorplasma　Cryo-poorplasma 是将冷冻沉淀品中上清液部分移除所剩余的部分。含有Ⅱ、Ⅶ、Ⅸ、Ⅹ凝血因子，对治疗老鼠药中毒更有效。储存和使用方式与冷冻新鲜血浆相似。起始使用剂量为每 10kg 体重使用一单位。

（7）白蛋白　白蛋白治疗多用在宠物医疗方面，但因为动物的白蛋白不易取得，所以兽医临床上使用的白蛋白多为人源性的白蛋白。人血白蛋白是从人血浆中浓缩萃取出来的，犬和人白蛋白之间的同源性大约是 79%，因此对犬而言，人类的白蛋白具有抗原特性，但人源性白蛋白纠正低白蛋白血症在临床上还是较常使用的，且经研究并大多数使用人源性白蛋白的动物没有出现严重的不良反应或并发症，所以相对是安全的。但有的动物还是会出现过敏反应造成死亡，因此在使用上还是需要注意，可以搭配使用抗组胺药或是类固醇以避免过敏产生。

（8）注射用免疫球蛋白　注射用免疫球蛋白是高度纯化的免疫球蛋白 G（IgG），经由人类血浆中浓缩萃取而来。注射用免疫球蛋白类产品是以冻干粉状态进行保存，使用前进行配置，调配后的免疫球蛋白要在 6h 内使用完毕，大部分单次治疗剂量是 0.5～1.0g/kg。免疫球蛋白在兽医治疗领域中越来越常见，主要用来治疗自体免疫性溶血性贫血、自体免疫性血小板减少症、自体免疫性皮肤病等疾病。

4. 输血方法及剂量　在兽医临床上最常用的是间接输血法。先将按输血剂量计算出的抗凝剂的使用剂量，置于已灭菌的贮血容器中，然后从供血动物的静脉采血，边收集血液边摇动容器使血液与抗凝液充分混合，以防凝血，但不宜摇动过猛，防止破坏红细胞和产生气泡。将按需要量采出的血液立即输给受血患病动物（如若保存半小时以上，最好放在4℃冰箱内，应注意不能使血液冻结，以防红细胞破碎）。

输入的速度应尽量缓慢，一般每分钟可注入20～25mL，当急性大失血时，速度应加快，每分钟可达50～100mL。输血的剂量及次数须按病情确定，当急性大失血时，应大量输血以挽救生命，第1次可输注2000～3000mL；手术休克患病动物，每次可输入2500～3000mL，可在2～3d内重复输血；对败血症、溃疡及久治不愈合的化脓创，每次1000～2000mL，4～5d一次；以止血为目的，宜用小剂量，每次500mL，但可反复输血。

为保证安全，应输入新鲜血液或输入保存在4℃条件下的血液。血液的保存期不能超过10d。

【评价标准】

要求可以写出5种及以上抗凝剂名称，并写出相应抗凝剂与血液的使用比例。可以从供血动物体内采取新鲜全血并用适当方式进行保存，在操作过程中不可出现溶血、凝血等现象。

完成以上操作即为合格。在完成上面操作的基础上，能够从全血中提取血浆、血小板（富血小板血浆，浓缩血小板血浆），可以记为优秀。

项目四　输血反应及处理

【学习目标】

掌握输血反应的主要类型，能够对出现的症状进行判断并采取治疗措施；了解输血的注意事项。

【常用术语】

发热反应　过敏反应　溶血反应

【概述】

1. 发热反应　在输血期间或输血后1～2h内体温升高1℃以上并伴有寒战等发热症状，称为发热反应。造成动物机体输血后出现发热反应的主要原因是血液制品中的抗凝剂或是输血过程中使用的器械可能含有致热源，也有可能是由多次输血后产生的血小板凝集素或白细胞凝集素引起。发热反应的主要症状是畏寒、寒战、发热、不安、呕吐、心动亢进等。为防止出现这一反应可在每100mL血液中加入5mL的2%盐酸普鲁卡因溶液或氢化可的松50mg，输入速度宜慢，若反应剧烈，应停止输血，给予对症治疗，同时要严格注意无菌和无热源要求。

2. 过敏反应　由于输入的血液中可能含有致敏物质，多次输血后也可能会在体内产生过敏性抗体，从而可能会出现过敏反应。其表现为呼吸急迫、痉挛、出现荨麻疹等症状，甚至过敏性休克。当有过敏反应出现后应立即停止输血，肌内注射苯海拉明或

0.1% 肾上腺素溶液，必要时进行对症治疗。

3. 溶血反应　输入错误血型、配伍禁忌的血液，或是血液处理保存不当造成的红细胞大量被破坏时可能会发生溶血反应。一般由于处理不当造成溶血的原因有：血液保存时间过长，保存温度过高或过低，使用前室温放置时间过长，错误加入高渗、低渗药物等。溶血反应的表现为受血动物在输血过程中突然出现不安，呼吸、脉搏数增加，肌肉震颤，不时排尿、排粪，高热，出现血红蛋白尿，可视黏膜发绀，并可能有休克症状。当症状出现后应立即停止输血，改注糖盐水，然后再注射 5% 碳酸氢钠溶液，必要时配用强心剂、利尿剂。

4. 输血时的注意事项

1）输血前应做血液相合性试验，呈阴性反应，方可输血。

2）输血时一切操作均应严格无菌，所有器械、液体一旦污染就应停止使用。

3）通常不给妊畜输血，以防流产。

4）不要用种公畜血液给与之交配过的或将要与之交配的母畜输血，以防产生同族免疫，使新生幼畜发生溶血病。

5）输血时，常并用抗生素，但最好不与血液混用，而将抗生素另做肌内注射。

6）输血能抑制骨髓形成红细胞的速度，所以重复输血对骨髓新生红细胞是有害的。

7）采血时需注意凝血剂的用量，在采血过程中应注意充分混匀，以免形成血块造成注射后形成血管血栓，在输血过程中，严防空气进入血管。

8）在输血过程中应密切注意病情的动态，刚出现异常反应时应立即停止输血，经查明非输血原因后方可进行。

9）输血前需进行生物学实验，若出现输血反应，及时处置，避免发生意外。

10）进行大量输血后，应立即补充钙制剂，否则会因为血钙骤降，导致心肌功能障碍，严重时可发生心脏停搏而死亡。

11）严重溶血的血液应弃之不用。

12）严重的器质性心脏病、肾脏疾病，肺水肿、肺气肿、严重的支气管炎，血栓形成、血栓性静脉炎，以及颅脑损伤引起的脑出血、脑水肿，以上状况不得使用输血疗法。

【评价标准】

可以正确书写出以下内容：写出三种常见的输血反应类型名称；输血过程中的注意事项；输血反应类型名称书写正确，注意事项可以回答出 6 种以上即为合格。注意事项完全回答正确，并能够根据出现的具体输液反应选择合适的处置方法记为优秀。

（耿　琦）

第七单元　物理疗法

任务一　水　疗　法

【学习目标】

掌握水疗法程序，能正确实施水疗法，并会按药物性能指导畜主给病畜水疗；操作过程中严格遵守查对制度，关心、观察病畜；能熟练地运用于临床实践，对水疗法过程中的突发事件能够及时作出判断及正确处理。

【常用术语】

水疗法　冷敷法　温热疗法

【概述】

水疗法是利用各种不同成分、温度、压力的水，以不同的形式作用于动物机体以达到机械及化学刺激作用来防治疾病的方法。水疗法包括冷敷法和温热疗法。

冷却疗法使患部在冷的刺激下，血管收缩，血管容量减少，降低局部充血以制止出血，减少和阻止渗出物的渗出，缓和炎症的发展，降低神经的兴奋性与传导性，降低疼痛对机体刺激。冷却疗法可使患部的血管收缩，减少渗出，减轻炎症浸润，防止炎症扩展和局部肿胀，可用于急性炎症的初期、四肢下部疾病的治疗、日射病和热射病、马的急性蹄叶炎、挫伤和关节扭伤等。

【专门解剖】

蹄是马、牛、猪、羊等有蹄类动物指（趾）端着地的部分，由皮肤衍变而成。牛蹄由蹄匣和蹄真皮两部分组成。

【准备】

1. 兽医准备　衣帽整洁、洗手、戴口罩。

2. 用物准备　毛巾、软胶管、食醋、吹风机、吹水机、10%～25%硫酸镁、黏土、棉花、95%乙醇、绷带、口笼等。

【操作技术】

1. 冷敷法

1）泼浇法：将冷水盛入容器内，连接一根软胶管，使水流向体表部位，或用一小容器不断向患部泼浇冷水。也可用冷水进行淋浴。

2）冷敷操作方法：分为干性冷敷和湿性冷敷两种。干性冷敷是用冰袋、雪袋或冷水管（胶管或铅管中通以冷水）置于患部，湿性冷敷是用冷水浸湿布片、毛巾或麻袋片等置于患部。采用冷敷法进行治疗时，需经常换冷水以维持冷的作用，一日数次，每次

30min。为了防止感染和提高疗效，临床上常用消炎剂（如2%硼酸溶液、0.1%雷夫奴尔溶液、2%～5%氯化钠溶液等）进行冷敷。

3）冷脚浴法：使患肢站立在盛有冷水或0.1%高锰酸钾等防腐剂溶液的木桶或帆布桶内，也可将患肢立在冷水池或河水中。冷脚浴前宜将蹄底洗净，蹄壁上涂油。每5～10min更换一次冷水或冷的药液。

4）冷黏土外敷法：用冷水将黏土调成糊状，可向每克水中加入食醋40～60mL，以增强黏土的冷却作用，将调制好的黏土涂布于患部进行外敷治疗。

2. 温热疗法

1）热敷：用温热水浸湿毛巾，或用温热水装入胶皮袋、玻璃瓶中敷于患处，每次30min，每天3次，为了加强热敷的消炎效果，可以将普通水换成10%～25%硫酸镁溶液或复方乙酸铅液，或把食醋加温对患部进行温敷。

2）乙醇热绷带：将95%乙醇或白酒在水浴中加热到50℃，用棉花浸渍，趁热包裹患部，再用塑料薄膜包于其外，防止挥发，塑料膜外包以棉花保持温度，然后用绷带固定，治疗可长达10～12h，每天更换1次绷带即可。

3）温脚浴：方法与冷脚浴相同，只是把冷水换成40～50℃的热水。

【注意事项】

1）慢性炎症及一切化脓性炎症过程的疾病禁用。

2）冷敷法最好在急性炎症的前期1～2d内进行，并经常保持冷的作用，否则效果不佳，但不宜长时间持续使用冷却疗法，以免发生局部组织坏死。

3）冷却疗法应用的水温应视病情决定，常用的水温分为冰冷水（5℃以下）、冷水（10～15℃）、凉水（23℃左右）。

【评价标准】

能够根据病情准确选择不同的水疗法治疗动物疾病，操作准确，未出现烫伤等现象。整个操作过程应注意对慢性炎症及一切化脓性炎症过程的疾病禁用。水疗法手法熟练，反复操作次数少，能及时对治疗过程中出现的烫伤等现象作出迅速处理。

任务二 光 疗 法

【学习目标】

熟练掌握常见光疗法的操作要领、注意事项，并能熟练地根据临床需要，选择合适的治疗方法用于病畜。

【常用术语】

红外线 紫外线 可见光 激光

【概述】

光疗法是指采用自然光线或人工产生的各种光辐射能（红外线、可见光、紫外线、激光）作用于局部或全身以治疗疾病的一种物理治疗方法。光线是一种波长较短的电磁波，其波长是以纳米（nm）计算。一般临床常用的有红外线、紫外线和激光三种疗法。对现代化集约化舍饲动物和宠物而言，常因光照不足而出现各种异常现象，已引起畜牧兽医工作者的高度重视。在养禽生产中，人们利用光线照射时间和强度的改变，调节家禽的采食及产蛋，控制蛋的品质，提高生产率和繁殖率。在临床上用于治疗的红外线波长是760～3000nm，紫外线波长是200～400nm。

【专门解剖】

瘢痕是各种创伤后所引起的正常皮肤组织的外观形态和组织病理学改变的统称，它是畜体创伤修复过程中必然的产物。瘢痕生长超过一定的限度，就会发生各种并发症，如外形的破坏及功能活动障碍等，给患畜带来巨大的肉体痛苦和精神痛苦，尤其是烧伤、烫伤、严重外伤后遗留的瘢痕。

光疗法，尤其是激光治疗后对皮肤组织会产生光热效应、光化学效应、电磁场效应和生物刺激效应，从而使皮肤瘢痕处受损坏死组织迅速热解、气化，或碎解成微小的碎片，被体内吞噬细胞吞噬后排出体外，从而达到平复瘢痕的目的。

【准备】

1. 红外线疗法准备 红外线辐射器；白炽灯，在医疗中广泛应用各种不同功率的白炽灯泡作为红外线光源，灯泡内的钨丝通电后温度可达2000～2500℃；红外线治疗仪（包括短波红外线灯、长波红外线灯）；护目罩；纱布；生理盐水；棉球灯。

2. 紫外线疗法准备 紫外线治疗仪、洞巾、石英导子、生物剂量测定仪。

3. 激光疗法准备 氦-氖激光器、二氧化碳激光器。

【操作技术】

1. 激光治疗法操作技术

（1）照射 激光疗法中最常见的一种方法，该方法简便易行，效果确实。根据注射部位可分为以下几种。

1）局部照射（患部照射）采用激光原光束或扩焦或用光导纤维，直接对准病变部位进行照射，是治疗各种疾病的一种常用方法。

2）穴位照射是将激光聚焦或用光导纤维对准传统穴位进行照射治疗的一种方法。也就是激光针灸。

3）神经、经络照射是将激光束经聚焦后或用原光束或用光导纤维，对准一神经经络进行照射的一种方法。例如，氦-氖激光麻醉即选用7mW以上的氦-氖激光照射马、牛、羊、猪及犬的正中神经或胫神经，照射20～30min，即可达到麻醉。

（2）烧灼、止血 选用二氧化碳激光经聚焦后，其光点处能量高度集中，在几毫秒的时间内引起局部高温，使组织凝固、脱水和组织细胞被破坏，从而达到烧灼、止血的目的。

（3）照射距离 从激光器射出窗口到照射部位之间的距离，一般应控制在50～100cm。

（4）照射时间　每次照射 10～20min，二氧化碳激光烧灼每次 0.5～1.0min。

（5）疗程　每天照射一次，连续照射 10～12d 为一个疗程，两个疗程之间应间隔一周为宜。

（6）剂量　照射剂量的计算方法为

功率密度＝输出功率 / 光斑面积

功率密度 × 照射时间（s）＝能量密度

目前，治疗各种疾病的最佳计量尚无统一标准。

2. 红外线疗法操作技术

1）动物保定确实，拟照射部位应清洁无污物，用厚纸板或红黑布遮挡动物头部，以保护眼睛。

2）将红外线灯移至治疗部位的斜上方或旁侧，照射时距离为 30～50cm。每次治疗时间为 15～30mn，每日 1～2 次，10～15 次为 1 个疗程。

3）根据治疗部位的厚度，病情严重程度、皮肤反应和操作者手试照射相结合，调节红外线剂量。经验表明，当人手被照射 5min 内有热感但无灼痛感时，照射剂量较为合适。或由小至大调节，以动物感觉舒适安静为度。

3. 紫外线疗法操作技术　分为全身照射和局部照射。临床上多用局部照射。距患部为 50cm，每次照射 5min，以后每天增加 5min，6d 为一疗程，最长不得超过 30min。

【注意事项】

1. 激光疗法注意事项

1）照射前，对病畜要进行合理的保定，注意人、畜、机的安全。

2）激光器须合理放置，避免激光束直射人员的眼睛，操作人员应该戴护目罩。

3）照射创面前，需用生理盐水清洗干净，除去污物，创面周围剪毛。

4）照射穴位前，应先准确找好穴位，局部剪毛，除去皮垢污物，清拭干净并以龙胆紫做好标记。

5）激光束（光斑）与被照射部位尽量保持垂直照射，使光斑呈圆形，准确地照射在病变部位或穴位。不便直接照射部位，可通过光纤或反射镜以保证准确垂直照射在治疗部位。

6）照射时，应在专人监护下进行。照射时间系指准确地照射在被照射部位的时间。因此，病畜移动使光斑移开的时间应扣除，以确保准确的照射时间。

7）激光器的使用，应严格按生产厂家所提供的说明书中的使用操作方法和注意事项进行操作，以免发生意外。

8）如用二氧化碳激光器进行照射时，需采用扩焦照射，照射距离一般为 50～100cm，以局部皮肤有适宜之温热感为宜，勿使过热，以防烫伤；如为烧灼，则必须聚焦照射，越接近焦点越好。

9）激光器一般可连续工作 4h 以上，连续治疗，不必关机。

2. 红外线疗法注意事项

1）掌握最佳照射剂量，防止烫伤。

2）避免红外线直接照射动物眼部。

3）禁忌证：高热病例、恶性肿瘤、出血性病例。

3. 紫外线疗法操作技术

1）紫外线易被介质吸收，因此对照射部位应先清除油脂、污秽物、痂皮及脓汁等。

2）当照射动物的头部时，须先用面罩等将眼盖住，以防引起结膜炎。

3）工作人员禁止用眼直接观看紫外线，应戴暗光眼罩，以保护眼睛。

【评价标准】

能根据病情选择合适的光治疗方法，光疗法操作准确，无擦伤、破损等现象。整个过程均遵守安全操作规程，注意对工作人员与照射动物眼睛的保护。光疗法手法熟练，反复操作次数少，能及时对治疗过程中引起结膜炎情况作出迅速处理。

任务三 氧气疗法

【学习目标】

熟练掌握氧气疗法操作要领、注意事项，选择合适的给氧方案，并能熟练地运用于临床实践。

【常用术语】

过氧化氢 氧气瓶 氧气袋

【概述】

氧气疗法是治疗各种疾病引起的机体严重缺氧的有效措施。可以提高动脉血氧含量及饱和度，促进组织细胞正常新陈代谢，维持机体的生命活动。氧气疗法对于引起心、脑及全身缺氧的各种疾病有明显的治疗效果，对恶性肿瘤、呼吸衰竭及病重动物的抢救具有极其重要的临床意义。

【专门解剖】

鼻黏膜为鼻腔表面很薄的一层组织，内壁由黏液保持其表面湿润，是机体抗感染的第一道防线。

【准备】

1）器械：氧气瓶、长胶管、鼻导管、面罩或鼻球、胶布等。

2）过氧化氢：过氧化氢溶液（H_2O_2）俗称双氧水，稀释为0.3%过氧化氢溶液作静脉注射。

3）大动物呈站立保定，小动物可行侧卧保定。

【操作技术】

1. 鼻导管持续低流量给氧操作技术

（1）单侧鼻导管法　消毒导尿管一根，插入一侧鼻孔，长度为自患畜鼻尖至外耳道口长，然后胶布固定，接上氧气瓶，给氧流量2L/min，吸入氧浓度可达30%左右。

（2）双侧鼻管法　用两根软塑料管插入两侧鼻孔，进入1cm，用带子固定于头部。给氧流量4～6L/min，吸入浓度达45%。

2. 开放面罩给氧操作技术

（1）重复呼吸式　此种面罩无呼吸活瓣装置，患畜呼出的二氧化碳气体不能排出，而与吸入的氧气混合，因此吸入氧气中二氧化碳浓度会越来越高。

（2）带呼吸活瓣的面罩　此种面罩不形成重复呼吸，氧流量6～8L/min，吸入的氧浓度为60%～90%，适用于高浓度氧的患畜，但患畜常有不适感，只适于短期使用。

（3）带有侧孔的面罩　氧进入面罩的气流与由面罩侧孔带入部，接上麻醉机，根据病情可连续加压给氧，或间歇加压给氧（一次15～30min，每日4～6次）。

3. 鼻球给氧操作技术　将鼻球自由地放在一侧鼻孔，吸氧，两侧鼻孔交替使用。适用于长期、低浓度给氧患畜，对鼻黏膜无刺激。

4. 静脉注射过氧化氢给氧操作技术　过氧化氢溶液（H_2O_2）俗称双氧水，1963年中国药典规定其浓度为2.5%～3.5%（g/mL）。一般为100mL或500mL瓶装，这里需要以0.3%过氧化氢溶液作静脉注射，以改善机体氧供的疗法，越过呼吸道，将液态或气态氧直接输入循环血液。

【注意事项】

1）加强湿化，防止呼吸道黏膜干燥，预防糜烂及溃疡发生。

2）及时清除气道分泌物，保持气道通畅，可同时用雾化吸入，降低痰黏稠度，使痰易咳出并保持气道湿润。

3）如缺氧患畜同时有P_{CO_2}增高，应控制给氧，原则上使P_{O_2}渐达到8kPa（60mmHg）以上，P_{CO_2}逐渐降至8.7kPa（65mmHg）以下。如无P_{CO_2}增高，则可给予不控制给氧，使缺氧在短期内得到纠正或改善。

4）吸氧器械要消毒，保持无菌，防止交叉感染。

5）过氧化氢溶液浓度不宜过高，0.3%过氧化氢溶液，滴速不宜过快，以15滴/min为宜。

【评价标准】

准确选择不同的氧气疗法对不同种类动物进行治疗，氧气疗法操作准确，无糜烂及溃疡发生等现象。吸氧器械要消毒，整个过程均保持无菌操作规程。氧气疗法手法熟练，反复操作次数少，能及时对治疗过程中出现的气道分泌物现象作出迅速处理。

任务四　石蜡疗法

【学习目标】

熟练掌握常见动物石蜡疗法的操作要领、注意事项，并能熟练地运用于临床实践，要向畜主说明治疗目的、方法和注意事项，以充分取得畜主的合作。

【常用术语】

石蜡　刷蜡法　浸蜡法　蜡饼法

【概述】

石蜡疗法：患部仔细剪毛，用排笔蘸 65℃的熔化石蜡，反复涂于患部，使局部形成 0.5cm 厚的防烫层。然后根据患部不同，适当选用方法。

石蜡疗法适用于关节炎、扭伤、软组织扭挫伤、腰腿痛、外伤性滑囊炎、腱鞘炎、肌炎、术后黏连、瘢痕挛缩、周围神经损伤、神经痛、慢性胃肠炎、关节强直、消化性溃疡、胆囊炎、盆腔炎、神经炎、术后外伤后浸润、骨折或骨关节术后关节挛缩、关节纤维性强直、瘢痕增生、坐骨神经痛等。

【专门解剖】

四肢各部包括前肢和后肢，前肢指借肩胛和臂部与躯干的胸背部连接。自近及远分为肩胛部、臂部、前臂部、前脚部（包括腕部、掌部、指部）。后肢指由近及远又可分大腿部（股部）、小腿部和后脚部，后脚部又包括跗部、跖部、趾部。

【准备】

1）熔点为 50～55℃的白色医用石蜡。

2）电热熔蜡槽，上层为蜡液，底层为水，在槽底以电热法加热熔蜡。也可以采用双层套锅（槽）隔水加热熔蜡。

3）其他用品有耐高温塑料布、木盘或搪瓷盘、铝盘、搪瓷筒、搪瓷盆、铝勺、排笔、保温棉垫、0～100℃温度计、刮蜡小铲刀、毛巾等。

4）要向畜主说明治疗目的、方法和注意事项，以充分取得畜主的合作。

【操作技术】

1. 石蜡棉纱热敷法　用 4～8 层纱布，按患部大小叠好，投于石蜡中（第一次使用时，石蜡温度一般为 65℃，以后逐渐提高温度，但最高不要超过 85℃），取出，挤去多余石蜡，敷于患部，外面加棉垫保温，并设法固定之。也有人把融化的右蜡灌于各种规格的塑料袋中，密封、备用。使用时，再用 70～80℃水浴加热，敷于患部，绷带固定，效果很好。

2. 蜡热浴法　适用于四肢游离部，做好防烫层后，从肢端套上一个胶皮套，用绷带把胶皮套下口绑在腿上固定：把 65℃石蜡从上口灌入，上口用绷带绑紧，外面包上保温棉花并用绷带固定。石蜡疗法可隔日施行 1 次。

【注意事项】

1）熔蜡宜间接加热，防水分进入蜡锅，以免烫伤。

2）蜡浴时，应嘱畜主注意患畜于每次浸蜡平面勿超过第一层蜡膜的边缘。

3）用过的石蜡可重复再用，但使用一段时间后必须加入 10%～20% 的新蜡，并定期消毒和清洁。

4）疗程中应经常观察皮肤反应，如出现皮疹应停止治疗。

5）蜡疗室应注意通风。

6）活动性结核、感染性皮肤病、恶性肿瘤、高热、昏迷、急性化脓性炎症早期、风湿性关节炎活动期、恶性肿瘤、出血倾向、开放性伤口、妊娠腰腹部、对石蜡过敏者禁用。

【评价标准】

石蜡疗法操作准确，无烫伤等现象。整个过程均遵守安全操作规程。石蜡疗法手法熟练，反复操作次数少，能及时对治疗过程中出现的皮肤反应现象作出迅速处理。

任务五　泥　疗　法

【学习目标】

熟练掌握常见泥疗法操作要领、注意事项，并能熟练地运用于临床实践，对泥疗法过程中的突发事件能够及时作出判断及正确处理。

【常用术语】

泥疗　黏土泥　沃土泥　炭泥　人工泥

【概述】

将泥加热稀释后入浴或包缠患病部位，利用其温热作用进行治疗谓之泥疗。泥疗所用之泥有黏土泥、沃土泥、炭泥、人工泥等。

【专门解剖】

间接连结：又称关节，是骨连结中较普遍的一种连结方式。两骨相对的面存在腔隙，周围由能够分泌滑液的滑膜相连，可作灵活运动，因而又称滑膜连结或动连结，简称关节。

【准备】

1）泥疗室包括治疗室、热泥间。治疗室应准备被子、毛毯、塑料布或胶布等。

2）治疗室温度应保持在22～24℃，要通风良好。夏季可在湖畔等场所施疗。

3）热泥间应配备泥架、洗涤盆、容泥器、干燥器、揉泥板、温度计等。

【操作技术】

根据发病部位、病情及患畜体质等，采取全身泥疗、局部泥疗、腹部泥疗和电泥疗等疗法。

1. 全身泥疗　将医疗泥放进盆内，加盐水或泉水至需要稀度，患畜犹如洗澡躺在其中，水深达乳部即可。头部及心区敷以冷毛巾。泥温34～37℃，泥浴时间15～20min，隔1～2d施疗一次，10～15次为一个疗程。

全身包缠法：即利用日光加热埋身疗法。令患畜卧于日光加热到适度的泥中，只把胸部露于泥外，泥之厚度一般为4～8cm，胸、腹部的泥稍薄，患畜的头和心区敷以冷毛巾。全身包缠之泥的温度为37～42℃，时间15～20min，隔1～2d施疗一次，10～15次为一个疗程。泥浴，包缠结束后，用35～37℃热水洗身，然后静卧30～60min休息。因全身泥疗增加神经和循环系统的负担，引起消极作用，所以，只有在特殊情况下，才用此疗法。

2. 局部包缠泥疗 局部包缠泥疗可对四肢、背、腹部、关节、颜面、颈项、胸部及神经等部位施疗。局部泥疗可分局部包缠法、局部泥浴法、泥罨法、间接泥疗等。

局部包缠法：铺布、塑料布和粗布，把搅拌好的泥按所疗部位的需要铺开其上，厚度为3～7cm。炭泥和黏土泥的厚度有5～10cm即可。令患畜卧于泥上，然后将布、毯等按序卷起包缠其身以保温，并在其头部和心区敷以冷毛巾。因泥疗部位的不同，局部包缠法分如下几种：①耳部泥疗。②肩部泥疗。③背、腹部泥疗。④泥裤疗法：即把腰、腹、大腿用泥缠，如短裤形。⑤背、下肢的泥疗：即把背部和患病的下肢进行包缠。⑥脊柱的泥疗。⑦关节泥疗，即在肩关节、肘关节、腕关节、髋关节、膝关节、踝关节施以包缠泥疗。⑧脚部泥疗：即把患脚插入铺开之泥中。

3. 局部泥浴法 用于局部之医疗泥的温度根据病情、患畜体质来决定。体质强、无心血管病、无内分泌及神经系统障碍则可用42～48℃的泥；有轻度心血管病和神经障碍，体弱者用37～42℃的泥；低温泥疗则用32～33℃的泥。泥疗时间每次20～30min，开始时隔日施疗，以后则施疗3d，休息1d，以15～20次为一疗程。局部泥疗结束后用35～37℃的热水将局部洗净，不得用肥皂，静卧30～40min休息。

4. 泥罨法 把加热之医疗泥装于布袋内敷于患部施疗，此疗法可降低化学及机械作用。

5. 间接泥疗法 不把医疗泥直接放在患病部位上，而放于其侧旁。

【注意事项】

1）当泥疗作用于炎症性病灶时，有大量炎性渗出物进入血液。患畜反应性低下时，这些物质不能很好氧化而滞留于血中，因而血沉加速，病灶部疼痛加剧，出现红、肿、热及运动障碍症状。雌性动物则出现腹股沟痛、下腹部不适、白带增多、尿频等症状。表现为全身不适、倦怠、无力、头晕、头痛、脉搏加速、呼吸急促、体温增高、大汗淋漓及失眠，泥疗又减弱脾功能，引起食欲减退，消化不良。以上反应的程度与医疗泥的物理、化学特点，以及泥疗部位、泥浴泥量、包缠泥量、泥温度、泥疗时间、间隔时间、医疗次数、泥疗目的及配合其他医疗等有关，同时还与病情、并发症、患畜身体反应性等有关。

2）泥疗过程中可能出现失水和电解质平衡失调现象，因此应准备盐水。泥疗过程中如果出现头晕、呕吐、大汗或局部剧痛、水肿等现象时，应立即停止泥疗。泥疗结束后应静卧休息30min，患畜体弱、泥疗面积大则应延长休息时间，要避免着凉。接受泥疗的当天禁止进行大量活动。由于泥疗能增强蛋白质、碳水化合物的代谢，所以令患畜进食富含蛋白质、糖、维生素B_1等食物。泥疗之疗效，疗后一个月才能出现，并可持续2～3个月，因而下一疗程的开始，必须在3个月以后，最好间隔4～6个月。

3）肺结核及结核病、心血管系统病、代偿功能障碍、大血管瘤、脑动脉硬化、肾性高血压病、重症哮喘、全身无力衰弱、痞瘤、肿瘤、出血性疾病、甲状腺功能亢进、糖尿病、皮肤病、白血病、恶性贫血，以及在泥疗部位有急性炎症、湿疹等病则禁忌进行泥疗。

【评价标准】

准确选择不同的泥疗法对不同种类动物进行治疗，泥疗法操作准确，无着凉等现象。整个过程均遵守安全操作规程。泥疗法手法熟练，能及时对治疗过程中出现的失水和电解质平衡失调现象作出迅速处理。

任务六 电 疗 法

【学习目标】

熟练掌握常见动物电疗法操作要领、注意事项，并能熟练地根据临床症状，选择合适的电疗法。

【常用术语】

直流电疗法　直流电离子透入疗法

【概述】

电疗是利用电流或电场作用于机体以达到治疗疾病的目的。临床上常用的有直流电疗法、直流电离子透入疗法等。

【专门解剖】

皮肤覆盖于动物体表，具有保护体内组织，防止异物侵害的作用。在皮肤中还含有感受各种刺激的感受器、毛、皮脂腺及汗腺等。皮肤的厚度因动物的种类、品种、性别、年龄及分布部位的不同而异，牛的皮肤最厚，羊的皮肤最薄，老年家畜较幼年的厚，公畜的较母畜的厚，四肢外侧的较内侧的厚。皮肤的厚薄虽然不同，但结构相似。

【准备】

1）直流电疗机或直流感应电疗机。后者既有直流电疗部分，也有感应电疗部分。附件有电极，为 0.55mm 的镀锡铅板；衬垫用吸水性好的白绒布制成；输出导线，每条 2m，分红、蓝色以区别阴阳极。

2）按照治疗目的与部位选择电极，仪器电流输出调零后开机。暴露治疗区域皮肤，采取并置法或对置法或交叉并置法，电极紧密平整接触皮肤。

3）电极为导电橡胶板，呈不同大小的矩形、圆形或特殊形状。导线两端可分别插入电极和治疗仪输出插口。导电橡胶电极可不使用衬垫，也可使用由 2～3 层绒布制成的薄衬垫。使用铅片电极时必须使用薄衬垫。其他物品有沙袋、固定带等。

【操作技术】

1. 直流电疗法操作技术

1）电极放置分为对置法，即将两个电极置于患部同一水平的相对两侧；并置法，即将两个电极置于患部同一侧；斜置法，即将两个电极斜向置于肢体两面。

2）当电流的强度相同时，其电极上的电流密度大小与电极面积大小成反比。一般小电极为有效电极，大电极为无效电极。

3）治疗前先将放置电极部位剪毛或剃毛，清洗干净，于患部放置有效电极，但要避开损伤面，在其他部位放置无效电极。用清洁的水湿润皮肤和衬垫，将衬垫置于皮肤上，于衬垫上再放铅板，衬垫要大于铅板边缘 1～2cm，然后压平铅板并以绷带固定妥当，用输出导线和电极联结，接通电源开始治疗。

4）直流电疗时的剂量按有效电极的作用面积计算，每平方厘米 0.3～0.5mA，如 $100cm^2$ 的衬垫则应给以 30～50mA 电流。治疗时间一般为 20～30min，每天或隔天一次，一个疗程最多 25～30 次。

2. 直流电离子透入疗法

1）当选用治疗电极时，应根据药物离子的电荷，且将药物配成各种不同的浓度浸润衬垫以代替生理盐水。

2）治疗电极应连接在与药物离子电荷相同的电极上，如碘离子透入则治疗电极是与碘离子所带的负电荷相同的负极；而在钙离子透入时，则应选择与钙离子的正电荷一致的正极；无效电极则以 1% 氯化钠溶液浸润衬垫。

3）为了避免寄生离子的透入，应以蒸馏水配制，并保存于清洁的玻璃瓶中。

4）衬垫要保持清洁，不同药物要固定专用衬垫，各种药物间不得混用，每次用后必须用温水冲洗，并煮沸消毒。

5）病畜皮肤必须仔细清洗干净。

常用离子透入疗法的药物离子见表 7-1。

表 7-1 常用离子透入疗法的药物离子

透入离子	离子电荷	使用药物名称	浓度	透入的极性
碘	－	碘化钾或碘化钠	2%～5%	－
溴	－	溴化钾或溴化钠	2%～5%	－
氯	－	氯化钠	2%～5%	－
硫	－	鱼石脂	3%～10%	－
磷	－	磷酸钠	2%～5%	－
水杨酸	－	水杨酸钠	2%～5%	－
青霉素	－	青霉素钠盐	1000IU/mL	－
钙	＋	氯化钙	2%～5%	＋
镁	＋	硫酸镁	2%～5%	＋
铜	＋	硫酸铜	1%～2%	＋
钠	＋	重碳酸钠	2%～5%	＋
锌	＋	硫酸锌	2%～5%	＋
普鲁卡因	＋	盐酸普鲁卡因	1%～3%	＋
链霉素	＋	链霉素	1000IU/mL	＋
士的宁	＋	硝酸士的宁	0.5%	＋

【注意事项】

1）输出导线宜用不同颜色，如阳极为红色，阴极为其他颜色，以示区别。如用夹子连接导线与金属电极，宜在其下垫以胶皮等绝缘物。作用电极一般应小于辅助电极。

2）治疗中不得拨动极性转换开关，电流强度没有降到零时，不得拨动分流器。

3）头部治疗时，应注意防止电流时通时断对头部的强烈刺激。

4）治疗后局部宜涂以50%甘油，并嘱畜主注意保护患畜毛皮，避免抓伤。

5）每次用过的衬垫要洗净、煮沸，金属电极应刷洗干净，保持平整。

【评价标准】

准确选择不同的电疗法对不同种类动物进行治疗，电疗法操作准确，无漏电等现象。整个过程均遵守安全用电操作规程。电疗法手法熟练，反复操作次数少，能及时对治疗过程中出现的不良反应作出迅速处理。

任务七　特定电磁波疗法（TDP疗法）

【学习目标】

熟练掌握常见TDP特定电磁波治疗器操作要领、注意事项，并能熟练地运用TDP特定电磁波治疗器用于临床治疗。

【常用术语】

TDP特定电磁波治疗器

【概述】

TDP特定电磁波治疗器的治疗板，是根据机体必需的多种微量元素，通过科学配方涂制而成的。在温度的作用下，能产生出带有多种元素特征振荡信息的电磁波，故命名为“特定电磁波谱”，它的汉语拼音缩写为“TDP”，俗称“神灯”。科学地证明了TDP具有消炎、消肿、止痛、止痒、止泻、安眠、减少渗液、活血化瘀、加强新陈代谢、促进上皮生长、调整机能作用。

TDP的生物搪瓷板中含有铁、锌、铜、锶、钡、硒、硼、碘、溴、锰、铬、钴等33种元素，治疗板受热产生出的各种元素的振荡信息，随电磁波进入机体后，与机体相应元素产生谐振，使元素所在的原子及分子团的活性得以大幅度提高，从而，提高体内各种酶的活性，调整体内的元素比例平衡，抑制体内自由基的增多、修复微循环通道等，达到提高机体自身免疫功能的目的。

【专门解剖】

会阴部指盆膈以下封闭骨盆下口的全部软组织，其境界与小骨盆下口一致。

【准备】

1）电源、插盘、消毒用棉球。

2）TDP 治疗器。

3）犬前躯侧卧，后躯仰卧。

【操作技术】

1. 连接电源 将 TDP 治疗器电源插头插入 220V 或（110V、127V）插座内（注意电源电压应与治疗器设计电压一致），打开电源开关，待预热 5～10min，方可进行辐射治疗。

2. 辐射距离 辐射处皮肤距离辐射板 30～40cm，皮肤表面温度保持在 40℃。

3. 辐射时间 每次辐射 30～60min，每日 1～2 次，7～10d 为一疗程。疗程之间可间隔 3d 左右。如病情需要，可连续长期辐射。

【注意事项】

1）本治疗器配用的单相三线插头，必需接好地线，以确保使用安全。用后即关闭电源。要防止强烈震动、受潮、注意保护板面。

2）辐射部位必须完全裸露，否则影响疗效。但辐射面部时，患畜应戴眼罩，保护双眼，以免眼球发生干涩现象，对于幼畜皮肤，温度应酌减。

3）辐射距离不宜过近，否则容易发生皮肤灼伤（如发红或起水泡）或误触辐射头而被烫伤，但距离过远，也会影响疗效。

4）产后会阴部 24h 后才能照射治疗。

5）高烧、开放性肺结核、严重动脉硬化、出血症等症不适于 TDP 治疗。高血压患畜不得照射头部。关节肿胀伴发热、感染时禁用，伴有出血倾向者慎用。

【评价标准】

能够准确对不同种类动物进行特定电磁波疗法，部位准确，无眼球干涩现象与皮肤灼伤等现象。整个过程均遵守用电安全操作规程。特定电磁波疗法手法熟练，反复操作次数少，能及时对眼球干涩现象与皮肤灼伤情况作出正确处理。

（加春生）

第八单元　其他治疗技术

任务一　窥镜诊疗技术

【学习目标】

熟练掌握常用动物内窥镜操作技术要领、注意事项，并能熟练地运用于临床实践。

【常用术语】

动物（牛、羊）保定用具　开口器　酒精棉球　表面麻醉药　内窥镜　硬管式内镜　光学纤维内镜　电子内镜

【概述】

内窥镜检查是将特制的内窥镜插入天然孔或腔体内，观察某些组织、器官病变的一种临床特殊的检查方法。兽用内窥镜是用于动物消化系统疾病的检查设备，是一种光学仪器，由动物体外经过动物体自然腔道送入体内，对体内疾病进行检查，可以直接观察到脏器内腔病变，确定其部位、范围，并可进行照相、活检或刷片，大大提高了疾病的诊断准确率，并可进行某些疾病治疗。

1. 内窥镜的种类　内窥镜有许多不同的种类，目前使用最多的类别以临床上能否改变方向分为硬质镜和弹性软镜两种。医用内窥镜大体分为三大类：硬管式内镜、光学纤维（软管式）内镜和电子内镜。

按其功能分类：用于消化道的内镜、用于呼吸系统的内镜、用于腹膜腔的内镜、用于胆道的内镜、用于泌尿系统的内镜、用于血管的内镜、血管内腔镜、用于关节的内镜等。

（1）纤维内窥镜　纤维内窥镜系统由内窥镜镜体和冷光源两部分组成，镜体内有两条光导纤维束：一条叫光束，它是用来将冷光源产生的光线传导到被观测的物体表面，将被观测物表面照亮；另一条叫像束，它是把数万根直径在 1μm 以下的光导纤维按一行一行顺序排列成一束，一端对准目镜，另一端通过物镜片对准被观测物表面，通过目镜能够非常直观地看到脏器表面的情况，便于及时准确地诊断病情（图 8-1）。例如，借助内窥镜医生可以观察胃内的溃疡或肿瘤，据此制订出最佳的治疗方案。

传导图像的纤维束构成了纤维内镜的核心部分，它由数万根极细的玻璃纤维组成，根据光学的全反射原理，所有玻璃纤维外面必须再被覆一层折射率较低的膜，以保证所有内芯纤维传导的光线都能发生全反射。单根纤维的传递只能产生一个光点，要想看到图像，就必须把大量的纤维集成束，

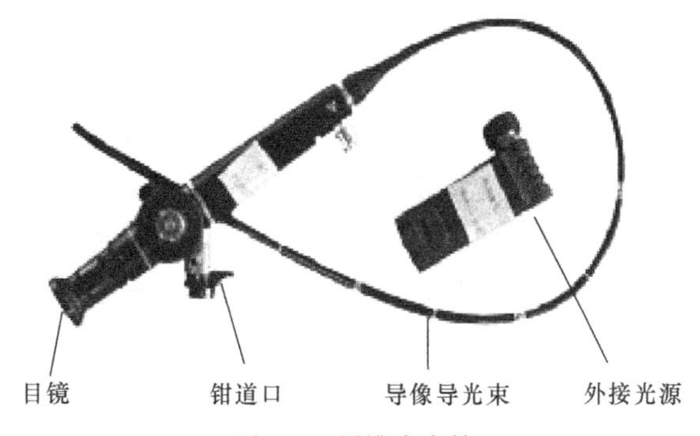

图 8-1　纤维内窥镜

要想把图像传递到另一端也成同样的图像，就必须使每一根纤维在其两端所排列的位置相同，称为导像束。纤维内窥镜通常有两个玻璃纤维管，光通过其中之一进入体内，通过另一个管或通过一个摄像机来进行观察。1981 年，内窥镜超声波技术研制成功，这种把先进的超声波技术与内窥镜结合在一起的新发展，大大增加了对病变诊断的准确性。有此手术可以用内窥镜和激光来做，内窥镜的光导纤维能输送激光束、烧灼赘生物或肿瘤、封闭出血的血管。

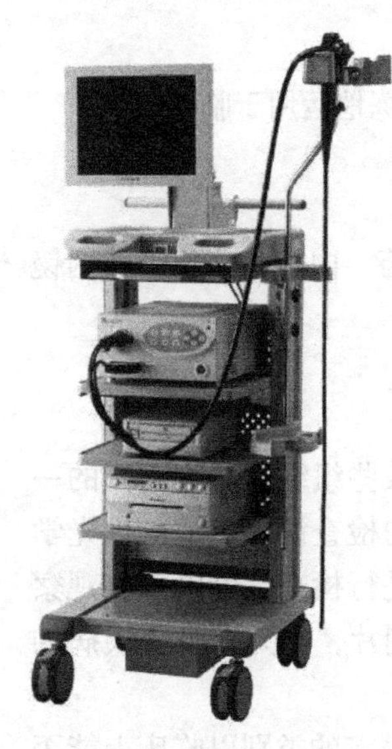

图 8-2 电子内窥镜

（2）电子内窥镜 随着电子学和数字视频技术的发展，于 20 世纪 80 年代出现了电子内窥镜，这样便不再以光纤传像，而代之以光敏集成电路摄像系统，其显示的影像质量好、光亮度强、图像大，可以检查出更细小的病变，而且电子内窥镜的外径更细，图像更加清晰和直观，操作方便（图 8-2）。有些内窥镜甚至还有微型集成电路传感器，将所观察到的信息反馈给计算机。它不但能获得组织器官形态学的诊断信息，而且也能对组织器官各种生理机能进行测定。电子内窥镜构造与纤维内镜构造基本相同，简单可理解为用 CCD 代替了导像束，很多功能是纤维内镜不能企及的。电子内窥镜与纤维内窥镜相比最大的不同之处是，用被称为微型图像传感器的 CCD 器件取代了光导纤维传像束。

电子内窥镜有以下几个特点：减少内镜检查时间，快速抓拍；具有录像、储存功能，能将病变部位的图像储存起来，便于查看及连续对照观察；色泽逼真，分辨率高，图像清晰，图像经过特殊处理，可将图像放大，便于观察；采用屏幕显示图像，实现一人操作多人同时观看，便于疾病会诊、诊断、教学。

2. 内窥镜在兽医临床上应用 内窥镜主要应用在外科手术和常规医疗检查中，与传统的外科手术相比，医用内窥镜的功能性微创手术技术已经得到医学的广泛应用，医用内窥镜利用动物体天然孔洞或在必要的时候开几个小孔，医生只要熟练地将内窥镜镜头深入身体内，通过其他手术器械和摄像显示系统就能在体外进行体内的密闭手术操作。兽医临床上常用于判断牲畜发情期、最佳授精期、孕期假发情、子宫炎症、尿道口检查、直肠检查、喉咽部检查、腹部检查、难产检查等。

3. 内窥镜在临床应用上的优点

1）内窥镜适用于猪、牛、羊等牲畜人工授精和阴道、子宫、尿道、直肠的检查，操作方便，观察清楚。

2）借助内窥镜可直接掌握最佳授精期，排除子宫疾病，提高受孕率。输精时，母畜感觉舒适，无抗拒反应，减少了输卵管变位、卵泡延迟破裂、发情期乱、子宫颈硬化、肛门水肿等疾病的发生；避免授精时刺穿阴道、子宫、膀胱和直肠的危险。

3）内窥镜可检查尿道口、阴道、子宫的各种炎症情况，及时用药物治疗。亦可利用内窥镜观察胎势、胎位变化和宫颈开张度等，确定难产的性质，在胎衣不下时，又可借助内窥镜检查剥离情况；在严重腹部疾患诊断困难时，可在腹壁切一小孔，将消毒好的内窥镜插入，寻找、观察病变的部位。

4）减轻授精人员的劳动强度和思想压力，防止职业病（如布鲁菌病、关节炎）的发生。

4. 内窥镜的消毒与保养及注意事项

1）使用前先检查电珠有无松动并旋紧，装上两节五号电池，灯管必需消毒。

2）内窥镜可用干热消毒或2%的新洁尔灭消毒；亦可用75%乙醇消毒；还可用10%的甲醛溶液浸泡15min后，用无菌蒸馏水冲洗。

3）内窥镜使用后要及时清洗，卸下灯座、灯管擦拭干净。长期不用，应在内窥镜管表面涂上凡士林，防止铝合金氧化，并保持其表面光洁度。

【专门解剖】

食管是长管状的器官，是消化道最狭窄的部分。它的上端在环状软骨处与咽部相连接，下端穿过横膈膜肌1～4cm后与胃贲门相接。

气管以软骨、肌肉、结缔组织和黏膜构成。管腔衬以黏膜，表面覆盖纤毛上皮，黏膜分泌的黏液可黏附吸入空气中的灰尘颗粒，纤毛不断向咽部摆动将黏液与灰尘排出，以净化吸入的气体。

肠是从胃幽门至肛门的消化管。肠是消化管中最长的一段，也是功能最重要的一段。动物的肠包括小肠、大肠，其中小肠又分为十二指肠、空肠、回肠；大肠分为盲肠、结肠、直肠。

膀胱呈囊状，是由平滑肌组成的一个囊形结构，位于骨盆内，其后端开口与尿道相通。膀胱与尿道的交界处有括约肌，可以控制尿液的排出。

【准备】

1）根据检查部位不同，选择不同类型内窥镜（食管镜，喉、气管和支气管镜，结肠镜，膀胱镜）、麻醉药、动物保定用具。

2）大动物呈站立保定，小动物左侧卧保定。

【操作技术】

1. 食管镜检查 动物保定，大动物取食道表面麻醉，小动物全身麻醉左侧卧保定，用开口器打开口腔，经口插入食管镜，进入咽腔后，沿着峡后壁正中到达食管入口，观察管腔走向，调节插入方向，边送气边插入，同时进行观察。

正常食管是塌陷的，黏膜光滑、湿润，呈粉红色，有纵行皱襞。急性食管炎时，黏膜肿胀，呈深红色。慢性食管炎时，黏膜弥漫性潮红、水肿。

2. 喉、气管及支气管镜检查

（1）喉镜检查 动物横卧保定，固定头部，鼻、咽及喉部采用喷雾表面麻醉，再将在温水中加热过的器械涂以润滑剂，然后经鼻道插至咽喉部，并用拇指紧紧将其固定于鼻翼上。打开电源开关使前端照明装置将检查部位照亮，即可借反射镜作用而通过镜管窥视咽喉部情况，如黏膜变化、异物等。

（2）气管镜检查 检查前30min进行全身麻醉。用利多卡因鼻内或咽部表面麻醉。动物取俯卧姿势，头部尽量向上方伸展，经鼻或口腔插入内窥镜。据动物的大小选择不同型号的纤维内窥镜，插入时，先缓慢将镜端插入喉腔，并对声带及其附近的组织进行观察，然后送入气管内。进行气管黏膜观察。

3．胃镜检查 检查的动物全身麻醉，保定，单胃动物取侧卧保定式，操作中要缓慢进行，镜头插入贲门后停止插入，对胃腔进行大体观察。正常胃黏膜湿润、光滑、暗红色、皱襞呈索状隆起。上下移动镜头，可观察到胃体部大部分，依据大弯部的切迹可将体部与窦部分开，将镜头上弯并沿大弯推进，便可进入窦部，检查贲门部时，将镜头反曲为“J”形进行观察。观察胃内异物、胃炎、胃内息肉、胃溃疡及胃出血等。

4．腹腔镜检查 动物进行保定，据窥视器官不同，可选择不同部位进行切口。局部剪毛消毒，通过切口插入腹腔镜，打开光源，即可进行检查。临床上主要用于腹腔探查（结肠、膀胱、十二指肠、脾、肾脏、肝脏、卵巢、子宫等）、卵巢摘除、腹股沟阴囊疝修复、膀胱破裂修复等。

5．结肠镜检查 被检查动物前2d饲喂流质食物，而后禁食24h（反刍动物禁食48h），正常饮水，检查前1～2h用温水灌肠，以排除空肠、直肠和结肠后部蓄积粪便。操作时，动物全身麻醉，左侧卧保定，经肛门插入肠镜，边插边送入空气，当镜头通过直肠时，顺着肠管自然走向深入，将镜头略向上方弯曲，便可进入降结肠。

6．膀胱镜检查 动物采取站立保定，行荐腰硬膜外腔麻醉（小动物全身麻醉）。先用导尿管插入膀胱并向膀胱内打气，而后取出导尿管，通过阴门、尿道插入内窥镜探头。借助膀胱镜可以窥视膀胱黏膜。正常膀胱黏膜光泽、湿润、血管隆凸、呈深红色，输尿管不断有尿滴流出。慢性膀胱炎时，黏膜增厚，类似肿瘤样增生。

【评价标准】

能根据检查部位不同选择不同类型内窥镜，掌握不同种类内窥镜的使用方法，通过内窥镜检查能辨别出正常组织和病变组织，能将病变部位的图像进行快速抓拍和储存。同时掌握内窥镜的保养方法。

任务二 针灸疗法

【学习目标】

熟练掌握动物针灸的部位、操作技术要领、注意事项，并能熟练地将几种针灸方法运用于临床实践中，以及掌握对针灸后动物的护理。

【常用术语】

针灸疗法 穴位 灸法 针法 针刺 艾灸 持针法 碘伏 橡皮膏 75%乙醇 酒精棉球 剪毛剪

【概述】

1．针灸疗法 针灸疗法是针法、灸法的合称，简称针灸。针法是用特制的金属针具，刺激动物体穴位，并运用操作手法，借以疏通经络，调和气血，治疗疾病。灸法是把燃烧着的艾绒按一定穴位熏灼皮肤，利用热的刺激来治疗疾病。在临床上，按中医的诊疗方法诊断出病因，找出疾病的关键，辨别疾病的性质，确定病变属于哪一经脉，哪一脏腑，辨明它是属于表里、寒热、虚实中哪一类型，作出诊断。然后进行相应的配穴处方，进行治疗。以通经脉，调气血，使阴阳归于相对平衡，使脏腑功能趋于调和，从而达到防治疾病的目的。

针灸的治疗方法有很多种，可以分为：白针疗法、火针疗法、血针疗法、水针疗法、电针疗法等。

2. 针灸疗法的优点

1）有广泛的适应证，可用于内、外、五官等科多种疾病的治疗和预防。

2）治疗疾病的效果比较迅速和显著，特别是具有良好的兴奋身体机能，提高抗病能力和镇静、镇痛等作用。

3）操作方法简便易行。

4）没有或极少有不良反应，基本安全可靠，又可以协同其他疗法进行综合治疗。

3. 针灸的作用

1）调整作用。针灸治病，就是根据病症的属性来调节机体的“偏盛偏衰”，使机体恢复其正常的生理平衡状态，如针刺有促进肠运动功能正常的作用，即肠运动功能减低者，促使其增强运动；而运动功能亢进者，则促使其缓解。

2）增强免疫作用。针刺疗法和艾灸都有扶正的作用。针刺疗法和放血有祛邪的作用，而针灸对增强免疫的影响是多方面的，能使网状内皮系统功能活动增强，对机体内各种特异性和非特异性抗体的增加均有明显作用，临床上用于抗感染、抗过敏等。

3）活血、镇痛作用。针灸治病是通过对穴位选行针刺和艾灸，“通其经脉，调其气血”，从而能活血化瘀、生新止痛。

【专门解剖】

畜体有 14 个经络、136 个穴位，穴位是脏腑经络气血在体表的汇集点和输注部位，针刺穴位可调整内部脏腑的功能。针灸穴位的选择，是以阴阳、脏腑、经络和气血等学说为依据的，其基本原则是“循经取穴”，这是根据“经脉所通，主治所及”的原理而来的。因此，在“循经取穴”的指导下，取穴原则可包括近部取穴、远部取穴和随证取穴。

【准备】

1. 用具准备 针灸治疗前必须制订治疗方案，确定使用何种针灸方法和穴位，以及准备适当的针灸工具和材料。在针刺时，应检查针是否生锈、带钩、针柄松动或损坏等现象。同时备好消毒、保定器材和其他辅助用品（碘伏、橡皮膏等）。

2. 动物保定 在进行针灸时，为了取穴位准确，顺利进行，保证术者和动物安全，对动物必须进行确实保定，并保持适当的体位以便施术。

3. 消毒准备 针具消毒一般用 75% 乙醇擦拭，必要时用高压蒸汽灭菌。术者手指要用酒精棉球消毒。针刺穴位选定后，动物剪毛，先用碘伏消毒，再用 75% 乙醇脱碘，待干后即可实施。

【操作技术】

1. 白针疗法

（1）针灸的持针法　持针的姿势，状如执持毛笔，故称为执毛笔式持法。根据用指的多少，一般又分为两指持针法（图 8-3）、三指持针法（图 8-4）、四指持针法、五指持针法。

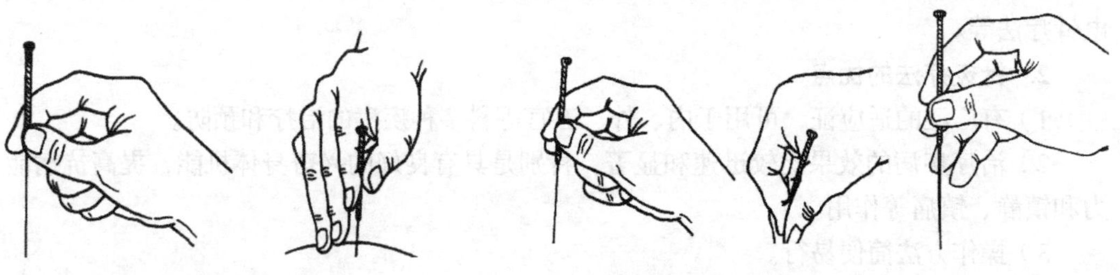

图 8-3　两指持针手法　　　图 8-4　三指持针手法

两指持针法：即用右手拇食两指指腹挟持针柄，针身与拇指成 90°角。一般用于针刺浅层腧穴的短毫针常用此持针法。

多指持针法：即用右手拇指、食指、中指、无名指指腹执持针柄，小指指尖抵于针旁皮肤，支持针身垂直。一般用于长针深刺的持针法。

（2）按穴　一般以左手按穴位，固定穴位皮肤，右手持针、进针。左手固定穴位的方法有指切按穴和舒张按穴 2 种。指切按穴，即以左手拇指切压在穴位近旁的皮肤上，右手持针沿指甲边缘刺入。舒张按穴，即左手拇指和食指将穴位皮肤撑压绷紧，右手持针在两指间中点刺入。

（3）进针方法　常用进针法主要为以下 5 种。

1）爪切进针法：以左手拇指或食指之指甲掐切于穴位上，右手持针将针紧靠左手指甲缘刺入皮下。此法适用于短毫针针刺入肌肉丰厚处的穴位。

2）夹持进针法：以左手拇食指用消毒干棉球捏住针身下段，露出针尖，右手拇食指执持针柄，将针尖对准穴位，双手配合用插入法或捻入法将针刺入皮下。此法适用于 10cm 以上的长毫针针刺入肌肉丰厚处的穴位。

3）舒张进针法：以左手五指平伸，左手拇食两指或食中两指置于穴位上，分开两指将皮肤撑开绷紧，右手持针从两指之间刺入皮下。此法适用于皮肤松弛或有皱纹的部位。

4）提捏进针法：用左手拇食两指将腧穴部位的皮肤捏起，右手持针从捏起部的上端刺入皮下。此法适用于皮肉浅薄的部位，特别是面部穴位的进针。

5）管针进针法：用金属管或特制的进针器代替压手，选用平柄或管柄的毫针，从管中拍入或弹入穴位内，进针后将套管抽出。

（4）行针基本手法及操作

1）提插法：针尖进入皮肤一定深度后，施行上下、进退的行针动作，即将针从浅层插入深层，再由深层提到浅层，如此反复地上提下插的纵向行针手法。

2）捻转法：针尖进入皮肤一定深度后，施行前后、左右的行针动作，即将针向前向后来回旋转捻动，反复多次行针手法。捻穿的幅度一般掌握在 180°～360°。必须注意捻转时不能单向转动，造成肌纤维缠绕，导致出针困难。

3）搓法：单向的捻转针身。有增强针感的作用，也是调气、催气的常用手法之一。大幅度的搓针，使针体自动向回退旋，称为“飞”。

4）弹法：用手指弹针柄，使针体微微颤动，以增强针感。

5）摇法：用手捏住针柄轻轻摇动针体。直立针身而摇可增强针感，卧倒针身而摇可促使针感向一定方向传导，使针下之气直达病所。

（5）辅助行针手法及操作　辅助行针手法是为促进针后得气或加强针感的一些方法。常用的辅助行针手法有以下几种。

1）循法：是用手指顺着经脉的循行径路，在腧穴的上下部轻柔地循按。

2）刮法：是用拇指抵住针尾，以食指或中指轻刮针柄，促使针感扩散。

3）震法：持针作小幅度的快速颤动，以增强针感。

4）飞法：用右手拇、食指执持针柄，细细捻搓数次，然后张开两指，一搓一放，反复数次，状如飞鸟展翅。

（6）针刺的角度、方向和深度　正确掌握针刺的角度、方向和深度是获得针感、提高疗效、防止意外事故发生的重要环节。

1）针刺的角度：分为直刺（针身与皮肤表面成90°角垂直刺入，适用于肌肉丰厚处的穴位）、斜刺（针身与皮肤表面成45°角斜刺入，适用于不能或不宜深刺的穴位）、平刺（针身与皮肤表面成15°～25°角皮刺入，适用于皮肉浅薄处的穴位）（图8-5）。

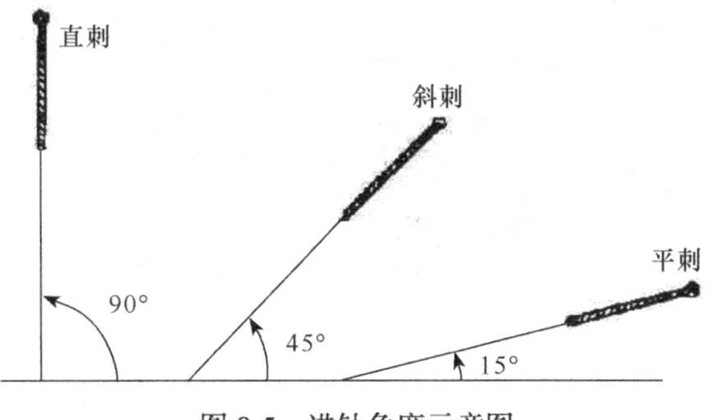

图8-5　进针角度示意图

2）针刺的深度：针刺时进针的深度必须适当，不同穴位对针刺深度有不同的要求，一般以穴位规定的深度为标准。例如，开关穴刺入2～3cm，而夹气穴一般刺入30cm左右。临床应用时，还要根据病畜的病情、年龄、体质、经脉循行的深浅，以及不同的时令而灵活掌握。对于延髓部、胸腹部腧穴，尤其要注意掌握好针刺的角度、方向和深度。

3）针刺的方向：针刺方向一般根据经脉循行方向、腧穴分布部位和所要求达到的组织结构等而定，如头面部、胸部正中腧穴多用平刺；颈项、侧胸、背部多用斜刺；腹部及四肢多用直刺。

2. 火针疗法

（1）选定穴位　先选定穴位，消毒后用碘伏或龙胆紫点上标记，火针与白针的穴位基本相同，但是脉管及关节部位不得使用火针疗法。

（2）烧针

1）油火烧针。用棉花将针尖及针身一部分缠成枣核形，松紧适当，然后浸透植物油，将针尖部位的挤至微干，以便点燃烧针，待棉花将要燃尽时去掉灰烬，迅速刺入穴位。

2）直接烧针。常用酒精灯直接烧红针尖部分立刻刺入穴位。

3）针刺与退针。待针烧红后，立即刺入穴中。刺入后不留针或稍留针，退针时稍把针身捻转动一下即可抽针。针孔用碘伏消毒，并以胶布或火棉胶封闭针孔。

3. 血针疗法

（1）穴位选择　看清血管，定准穴位，可用眼睛瞄准，也可用手指触压方法。

（2）施针　首先使血管怒张，便于刺中，可弹击或压迫血管，也可用绳子捆扎。术者用右手持针，也可将针装在针锤上，快速刺入选定的血管穴位。

（3）放血　据动物类别、体质强弱、疾病性质和季节而定。马宜多放，牛宜少放；体壮、急性热病，应多放，体弱、慢性病应少放；夏季多放，冬季少放。

（4）止血　放血一定量后，拔出刺针大多数能自行止血，或稍加压迫即可。如出血不止时，应多加压迫，必要时可以用止血钳或止血药。

4. 水针疗法

（1）注射点的选择

1）穴位：一般毫针穴位均可使用，可根据不同疾病，选择不同穴位。

2）痛点：根据诊断找出痛点，进行注射。

3）患部肌肉起止点：若痛点不宜找到，可选择在患部肌肉的起止点注射，注射深度要达到骨膜和肌膜之间。

（2）施针　选好注射点，以犬为例，见图 8-6。局部剪毛消毒，以相应长度的针头刺入，至所需深度后，患畜会出现针感反应，即可连接注射器注入药物。注入后拔出针头，刺点消毒。一般 1～2d 注射一次，3～5 次为一个疗程，必要时可以停药 3～7d 后，再进行 2 个疗程。

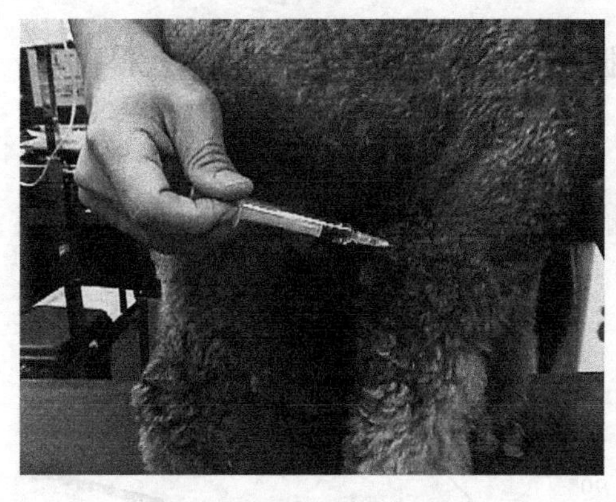

图 8-6　水针疗法示意图

（3）药物与剂量　目前应用于水疗的药物有：生理盐水、10%～20% 葡萄糖溶液、0.5%～3% 普鲁卡因、青霉素、链霉素、安乃近、25% 硫酸镁、维生素 B_1、维生素 B_{12} 注射液及当归液、穿心莲注射液等。药物用量可以根据药物性质、注射部位及注射点的多少而定，一般为 10～50mL。

【施针的注意事项】

1. 诊断确实　针灸前，应对患病动物做详细的检查，在辨证的基础上确定针灸处方。辨证是取穴与组方施术的依据，也是针灸能否有效的关键。若辨证不清，即行治疗，不但不能发挥针灸效果，反而增加动物痛苦，贻误病机，增加治疗困难。

2. 针灸时机　针灸施术，最好选择晴朗天气进行，同时，动物过饱、过饥及大失血、大出汗、劳逸和配种后，也不宜立即施术。妊娠后期，腹部及腰部不宜施术。

3. 施术顺序　对于性情温和的动物，一般情况下多是先针前部再针后部，先针背部再针腹部，先针躯干再针四肢。如果动物躁动不安，为了避免施针困难或发生事故，亦可先针四肢下部再针上部，先针腹部再针背部。总之要依据动物的性格灵活处理。

4. 施术间隔　随着针灸的种类而异，一般情况下，白针、电针、艾灸、醋灸可以每日或隔日施术一次，血针、火针每隔 3～5d 一次，夹气针、火疗一般不重复施术。

5. 术后护理　针灸后对动物加强护理，针灸后动物应休养4～6d。避免雨淋或涉水，特别是针刺背腰部和四肢下部，更应该预防感染。醋灸后患畜要加盖毯被，以防汗后再感染风寒。

【评价标准】

准确找到动物针灸穴位，正确掌握持针、进针手法，以及针刺的角度、方向和深度，操作熟练，并对不同穴位实施白针、血针及火针疗法，并能判定"得气"表现。能对动物患病部位施行火针疗法的程度控制恰当。

任务三　瘤胃内容物疗法

【学习目标】

熟练掌握动物瘤胃的部位、操作技术要领、注意事项，并能熟练地将此方法运用于临床实践中，以及掌握对投入瘤胃内容物动物的护理。

【常用术语】

瘤胃　微生物群　横木开口器　橡胶胃管　采液玻璃瓶　吸引唧筒　牛鼻钳

【概述】

瘤胃作为反刍动物独特的消化器官，有着重要的作用。反刍动物瘤胃的消化机能，主要是靠胃中大量微生物群的作用。饲料进入瘤胃后，由于微生物群的发酵作用，引起一系列的生物化学反应，从而起到消化作用。健康反刍动物在正常饲养条件下，瘤胃内容物的微生物具有高度的活性，而完成消化作用。

瘤胃内容物疗法主要是用于前胃疾病（前胃迟缓、瘤胃积食、瘤胃臌气）、酮血病、乳热、乳酸过多症、瘤胃腐败症、饥饿等，此外也可以用于因瘤胃微生物群的障碍而引起的疾病。

【专门解剖】

瘤胃位于腹腔左侧，几乎占据整个左侧腹腔，是反刍动物特有的消化器官。瘤胃内微生物主要为细菌、原生动物（主要包括鞭毛虫、纤毛虫）、真菌，但在消化中以厌氧性纤毛虫和细菌为主，这些微生物可帮助反刍动物消化纤维素和合成大量菌体蛋白，最后进入皱胃（真胃）时，它们便被全部消化，又成为反刍动物的主要养料。

【准备】

横木开口器，长2.5m、直径1.5～2.0cm的橡胶胃管（前段40cm长的部位，要有直径为5mm的多数小孔），3～5L的采液玻璃瓶，吸引唧筒等。

【操作技术】

1. 动物保定　将健康牛站立保定，装着牛鼻钳，牛头不要抬得过高，而后装上横木开口器，然后将胃管前段涂上润滑剂，通过横木开口器的圆孔插入胃内，到贲门时有抵抗感，进入瘤胃内后可排除胃内气体，然后再接上吸引唧筒抽取，胃内容物可逆流入采液玻璃瓶中。抽取过程中如前段堵塞时，可用力吹入空气或前后抽动胃管。

2. 微生物采取 用以诊断时采取瘤胃内容物100～200mL，用于治疗可采取3～5L或更多一些。病牛和健康牛分别保定，投入胃管，当采出胃内容物后立即投入胃内，可以直接经口投给。根据病情每日1次，一次量可投给3～5L或更多一些。

【注意事项】

1）供给胃液牛要选择同一环境、同一饲料的饲养条件的健康牛，因为它的微生物群相同，到病牛胃内活性不减，继续增殖而发挥作用。

2）有条件时对给胃液的牛最好进行pH、原虫数及活性度的检查。

3）根据病情可并用其他药物治疗。投给胃内容物后，要给予优质的饲料饲草，以增强瘤胃内微生物群的活性。

【评价标准】

准确判断胃管插入部位，插入胃管后能鉴别是来自胃或是呼吸道气体，整个过程均缓慢进行操作。内容物取完后在拔胃管时避免胃管壁残留的液体滴入气管，能及时对漏液情况作出正确处理。用以诊断时采取瘤胃内容物的量为100～200mL，用于治疗时以采取3～5L为宜。

任务四 静脉泻血疗法

【学习目标】

熟练掌握常见动物泻血的部位、操作技术要领、注意事项，并能熟练地运用于临床实践，对静脉泻血过程中的突发事件能够及时作出正确处理。

【常用术语】

颈静脉 耳静脉 前腔静脉 隐静脉 碘伏 75%乙醇 泻血疗法 注射器 刺针 小套管针 刺络法

【概述】

泻血是从动物体内暂时放出多量的血液，用于降低脑内压或血压及排除体内的有毒成分，而达到治疗疾病的目的。泻血疗法在人医学是自古以来被全世界验证为一种有效的自然疗法。泻血疗法又叫放血疗法、净血疗法、排瘀疗法、刺血疗法。动物泻血主要是用于蹄叶炎、日射病、热射病、脑疾病、肺充血、肺水肿、中毒及尿毒症等疾病的治疗。

按动物种类不同，使用的器械及泻血量也有所差异，牛、马泻血部位在颈静脉上1/3处，一般用注射针或套管针，泻血2000～4000mL；羊泻血部位在颈静脉或隐静脉，用注射针或套管针，泻血100～200mL；猪泻血部位在前腔静脉或耳静脉，用注射器，泻血

200～500mL；犬泻血部位在颈静脉或隐静脉，用注射器，泻血 100mL。

【专门解剖】

牛、马、羊等动物静脉泻血多选择在颈静脉的上 1/3 与中 1/3 的交界处；猪主要在耳静脉或前腔静脉；犬、猫等小动物在桡静脉（前臂皮下静脉）或后肢外侧小隐静脉；禽类在翼下静脉；在特殊情况下，牛也可在胸外静脉及母牛的乳房静脉进行注射。

【准备】

器械及药品：注射器、小套管针、刺针、刺络槌、量杯、帽头针及缝线、碘伏、碘酒、75% 乙醇，其他同静脉注射用的器械。

【操作技术】

1. 刺络法 首先将动物头部保定在柱子或架子旁边，然后由两人一前一后保定。尤其是前部保定者一定要保护操作者不被动物伤害。

然后颈部剪毛和消毒，找到颈静脉，用碘酒和乙醇对皮肤消毒。用左手拇指和食指持刺络针的轴心与针鞘呈直角或水平状，手心向上，以另外 3 个指头压迫颈静脉，使之充分怒张，沿管壁纵径将针头抵于颈静脉怒张处，右手持刺络槌，猛击刺络针背，即可刺破脉管射出血液，用量杯接取，待达到放血量后，用右手拇指从上方压迫刺络针孔的上部血管，放下刺络针，再用左手换下右手，然后右手用两个冒头针分别刺入刺络针创口，用缝线做“8”字形缠绕，密闭创口。涂碘伏和碘仿火棉胶封闭刺络针孔。

2. 套管针法 用套管针按颈静脉注射方法刺入静脉内，抽取内针即可放出血液，放血后用止血钳钳压刺口，防止出血。

3. 其他动物泻血法 牛、羊、山羊及犬可以使用注射针或套管针按静脉注射方法进行泻血（图 8-7 和图 8-8）。猪可以采取前腔静脉注射部位泻血。

图 8-7 牛静脉泻血

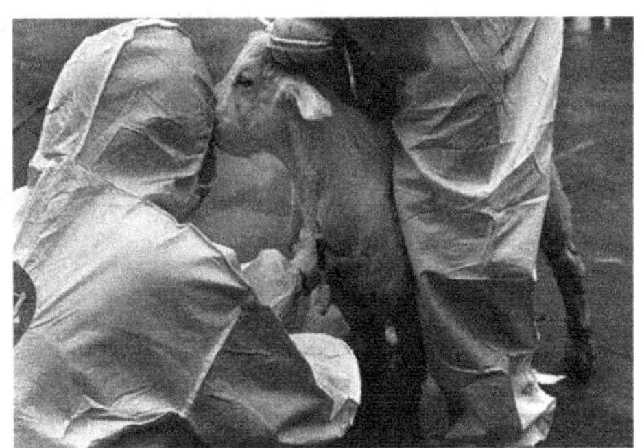

图 8-8 羊静脉泻血

【注意事项】

1）患病动物泻血后，需要按着泻血量的 1/2 量进行输液，一般用生理盐水、林格液、等渗糖溶液。

2）泻血是辅助治疗，所以对病性必须有充分把握之后，方可进行。否则对患病动物是有害的。

3）大量泻血过程中，如发现患病动物不安、战栗、出汗、痉挛、呼吸急促等，应立即停止。

4）泻完血，可能有局部出血、皮下水肿或静脉炎等并发症。所以操作要熟练，消毒要严格。

【评价标准】

准确找到不同种类动物的静脉泻血部位，静脉泻血准确，无断针现象。整个过程均遵守无菌操作规程。泻血手法熟练，反复刺入时常被组织块或血凝块堵塞，应及时更换针头。牛、马泻血2000～4000mL；羊泻血100～200mL；猪泻血200～500mL；犬泻血100mL。

任务五 透析疗法

【学习目标】

熟练掌握动物透析仪器的安装和操作要领、注意事项，并能熟练地运用于临床实践。

【常用术语】

透析　透析管　透析液　缝合　麻醉药　生化仪器　血液仪器

【概述】

透析疗法是利用半渗透膜来去除血液中的代谢废物和多余水分，并维持酸碱平衡的一种治疗方法。透析疗法可分为血液透析和腹膜透析两种。

1. 腹膜透析　腹膜透析是利用腹膜作为半渗透膜，利用重力作用将配制好的透析液经导管灌入患病动物的腹膜腔，这样，在腹膜两侧存在溶质的浓度梯度差，高浓度一侧的溶质向低浓度一侧移动（弥散作用）；水分则从低渗一侧向高渗一侧移动（渗透作用）。通过腹腔透析液不断地更换，以达到清除体内代谢产物、毒性物质及纠正水、电解质平衡紊乱的目的。腹膜透析无需依赖机器，操作简便，无需特殊培训人员，故价格低廉。

2. 血液透析　血液透析简称血透，是血液净化技术的一种。其利用半透膜原理，通过扩散、对流将体内各种有害及多余的代谢废物和过多的电解质移出体外，达到净化血液的目的，并达到纠正水、电解质及酸碱平衡的目的，血液透析器机构框架见图8-9。

3. 透析疗法的适应证及禁忌证　血液透析的适应证：急性肾衰竭、急性药物或毒物中毒、慢性肾衰竭、肝功能衰竭等。

血液透析的禁忌证：病情极危重、低血压、休克、严重感染败血症者、严重心肌功能不全、恶性肿瘤患畜。

腹膜透析和血液透析的适应证相同，但各有利弊，不能互相取代。

腹膜透析禁忌证：腹部大手术后3d内、腹膜有黏连或有肠梗阻、腹壁有感染、腹腔肿瘤、肠瘘、膈疝等。

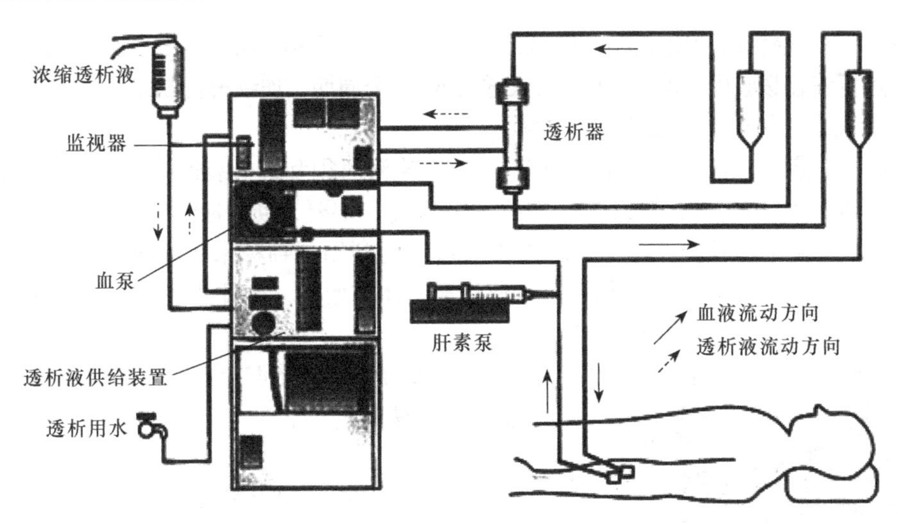

图 8-9　血液透析器机构框架

【专门解剖】

腹膜腔可分大、小两腔。小腹膜腔即网膜囊，亦称腹膜小囊，是位于小网膜和胃后方的腔隙；大腹膜腔则为网膜囊以外的腔隙，亦称腹膜大囊，两者只借网膜孔相互交通。腹膜中血管丰富，具有吸收和渗出的功能。腹膜对于腹腔内液体和毒素的吸收能力，上腹部最强，盆腔较差。腹膜腔有炎症时，渗出大量液体，称为腹水。

【准备】

生化仪器、血检仪器、手术台、麻醉药、透析管（0.5cm 直径硅胶）、真空抽血管、注射器、穿刺针、止血带、生理盐水、血液透析器、血液透析管路、透析液（$NaCl_2$ 1000mL、乳酸钠 4.00g、$MgCl_2$ 0.15g、$CaCl_2$ 0.26g 为基础液，透析液葡萄糖浓度可以根据机体水的情况选择）。

据病情及血液生化指标，选择用葡萄糖为 1.5% 浓度的透析液体。即 1L 基础液加 15g 葡萄糖。透析液加温至 37～38 ℃，置放透析管 24～48h，仪器组装见图 8-10。

【操作技术】

1. 腹膜透析法

（1）操作步骤　动物保定，腹部剪毛消毒，切口定位于脐部稍右侧近尾部 3～4cm 处。切开皮肤和皮下组织，暴露腹膜。在腹膜上切开 0.5cm 切口，距腹膜切口 0.5cm 左右作荷包缝合，在距腹膜切口前上方 6～10cm 皮肤处作一个 0.5cm 切口，在该切口与腹膜切口之间作一个隧道。将透析管由上面切口插入腹腔，导管末端位于膀胱直肠窝或子宫直肠窝，再将腹膜上的荷包缝合扎紧固定，将皮下及皮肤严密缝合，以防漏液。将透析液加温至 37～38℃，置放透析管

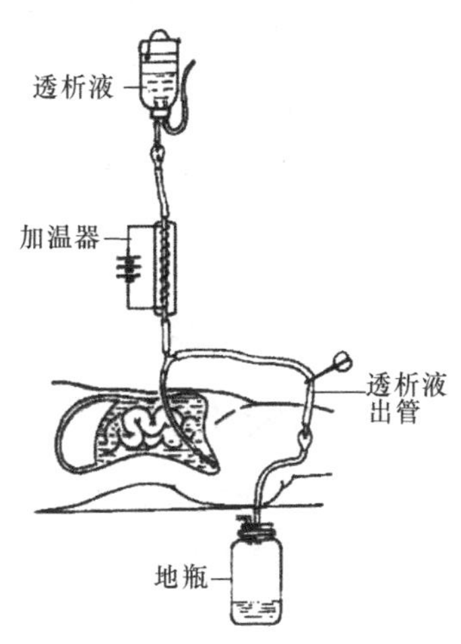

图 8-10　腹膜透析疗法示意图

24～48h，建议透析液使用量为7～20mL/kg，之后可增至30～40mL/kg，10min后开始给予腹腔，透析液在腹腔内滞留1～2h，每天透析4～5个周期，连续透析5d。

（2）腹膜透析法的缺点及注意事项

1）诱发感染：由于腹膜透析专用的导管在换液时须和透析袋连接，故有腹腔感染的可能，所以在做任何和腹膜透析治疗相关的步骤时，都要先彻底地洗净双手。

2）体重和血中甘油三酯增加：由于透析液是利用葡萄糖来排除多余水分，所以可能在透析时吸收了部分的葡萄糖，可能使病畜的体重增加、血甘油三酯及其他脂质升高，所以需要适当的运动及减少糖分摄取。

3）蛋白质流失过多：在透析的过程中会流失少许蛋白质及维生素，所以需从食物中补充。

2. 血液透析法

（1）操作步骤

1）开机自检：打开血液透析机电源开关和开机准备键，机器自动进行自检程序，自检后连接经核对的透析液。

2）仪器安装：安装血液透析器和透析管路（安装管路顺序按照体外循环的血流方向依次安装），见图8-11。

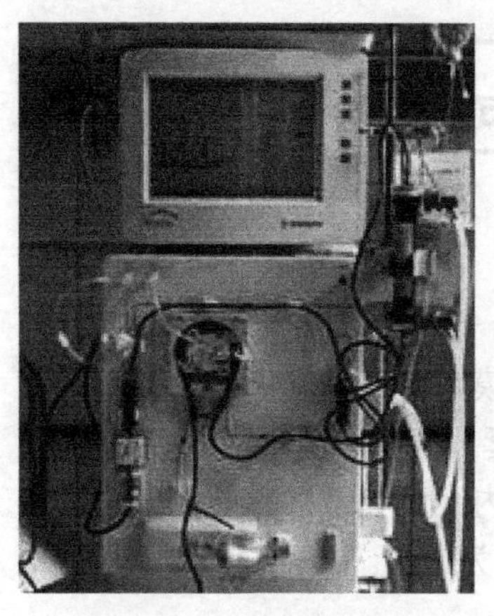

图8-11　血液透析机

3）密闭式预冲：启动血泵流速为80～100mL/min，用生理盐水按动脉端—透析器—静脉端流向，排净透析管路和透析器血室气体。将泵速调至200～300mL/min，连接透析液接头与透析器旁路，排净透析器透析液室气体。连接动、静脉管端形成密闭式，泵速调至80～100mL/min进行预冲。冲洗完后设置治疗参数。

4）建立体外循环：选择穿刺点，消毒面积直径大于5cm，先穿刺静脉，再穿刺动脉，以动脉端穿刺点距动静脉内瘘口3cm以上、动静脉穿刺点的距离10cm以上为宜，固定穿刺针。创可贴覆盖针眼，穿刺针与透析管路连接，进行透析。

5）密闭式回流：透析结束后，调整血液流量为50～100mL/min，打开动脉端预冲侧管，用生理盐水将残留在动脉侧管内的血液回输到动脉壶。关闭血泵，靠重力将动脉侧管进心侧的血液回输入患病动物体内，然后打开血泵，用生理盐水全程回血，关闭静脉管路夹子和静脉穿刺针夹子。拔出动脉内瘘针，再拔出静脉内瘘针，压迫穿刺部位2～3min。用脉压带加压动、静脉穿刺部位10～20min后，检查动、静脉穿刺针部位无出血或渗血后松开脉压带。

（2）血液透析法注意事项

1）透析过程中，及时观察动物的反应。

2）同时监测血压、脉搏和机器运转情况。

3）观察穿刺部位有无渗血、穿刺针有无拖出移位。

【评价标准】

能正确安装透析仪器和透析管路，整个过程均遵守无菌操作规程。操作过程中穿刺部位注意有无渗血、穿刺针有无拖出移位现象。操作手法熟练。

（张宝泉）

第九单元　安　乐　死

【学习目标】

熟练掌握安乐死的概念，并能准确判断安乐死的适应证，以及死亡的判定标准；了解死亡的概念、安乐死的方法、死亡的阶段。

【常用术语】

安乐死　死亡

【概述】

1. 安乐死的概念　安乐死意为无痛苦的死亡，通常是指患有不治之症的病畜在危重濒死状态时，为了免除其躯体上的极端痛苦，在畜主的要求下，经兽医师认可，用人为的方法使患病动物在无痛苦的情况下终结生命。安乐死是临床常用的技术之一，尤其是小动物临床应用较多。

在人医临床上，安乐死的提出已经有多年，一直在国际上引起广泛讨论，生命神圣论者认为，生命是宝贵的，应该不惜一切代价去维持生命。而主张安乐死的人则坚持，无意义地延长一位饱受痛苦濒死患者的生命，本身就是一件不道德和残忍的，如晚期恶性肿瘤患者和重要生命器官功能严重衰竭且不可逆转者，人们也应该有权选择死亡及其方式。但迄今为止仍有许多医学、社会和伦理问题尚未得到解决，绝大多数国家也未对安乐死进行立法或颁布有关的政策、法律或条文。

探讨各种动物安乐死的方法，这些方法应具有科学根据，并建立在教育和人性之上。但目前尚无明确的方法和要求。肉用动物饲养的目的是提供人类食物，虽然无法避免被宰杀的命运，但人类有责任减轻它们在生命过程中所有的痛苦。考虑到动物的福利状况，应反对使用那些极端的生产手段和宰杀方式。宰杀动物时是否遭受痛苦，主要取决于宰杀的程序，包括宰杀的管理方式和屠宰手段。许多国家规定，屠杀动物时必须使用高压电，将动物击昏。这样既便于屠宰操作，又可减轻动物的痛苦，也避免了屠宰过程中动物的挣扎，从而避免肉用动物肉质品质下降，所以屠宰动物要迅速，使动物在没有什么感觉的情况下进行，并且这种无感觉状态一直保持到死亡，可以说在死亡过程中，如果有骚扰、苦闷、狂奔或苏醒等情况发生，这就不是安乐致死。但对于家庭饲养的宠物而言，在长期饲养环境下已经与人类建立了感情，对发生某种疾病而无法挽救生命的时候，在得到畜主同意的情况下可以考虑进行安乐死。

从广义的临床医学上讲，安乐死属于临终关怀的特殊形式。临终关怀，亦译为善终服务、安宁照顾等，意在为临终动物及其主人提供医疗、护理、心理、社会等方面全面照顾，使患病动物在较为舒适安逸的状态中走完生命最后旅程，这与安乐死本质上是终止痛苦而不是终止生命，在理念上是完全一致的。

2. 安乐死的适应证　人为地进行动物安乐致死的情况如下。

1）供人食用的动物，可根据屠宰法进行屠杀。

2）动物因意外事故受伤，且又不能治愈的情况下可考虑安乐死。

3）动物处于重病中没有治疗价值又不能救助的情况。

4）为防止家畜传染病传播，根据传染病预防法必须进行屠杀处理的情况。

5）以医学和生物学研究为目的处死实验动物。

6）以狩猎为目的处死动物。

7）在人的生活环境中处死危及人生命的狂暴动物。

3. 安乐致死的方法

（1）物理方法

1）枪杀：在紧急情况下使用，通过枪击破坏动物大脑使动物瞬间死亡。

2）扑杀：家畜用屠杀锤猛击前额，引起脑震荡和脑破坏。小动物及实验室动物可猛击后脑部。

3）电杀：通过电使动物触电死亡，本法常用于屠宰家畜。

4）颈骨脱臼：常用于实验动物的处死方法（图 9-1）。

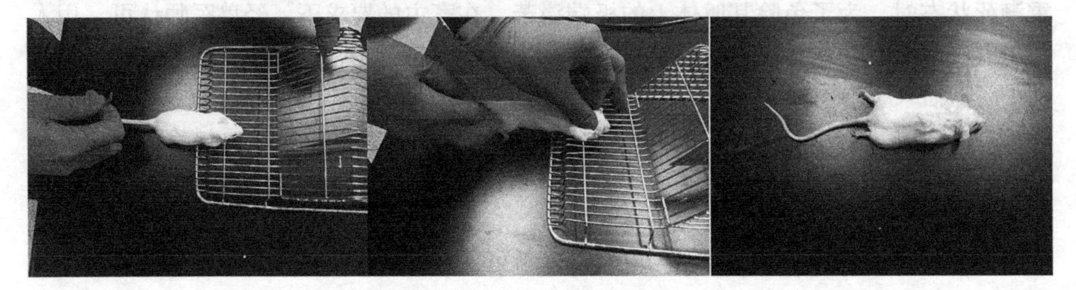

图 9-1　实验动物脱颈处死方法

用以上各种方法处死的动物，如作食用，必须在处死后，通过切断颈部大血管或心脏穿刺进行放血。

（2）化学方法

1）二氧化碳气体：对小动物提倡用二氧化碳气体进行安乐死，临床上认为这是最为人道的安乐致死法。操作方法为把装动物的笼子放专用的小室或乙醚袋中，通入二氧化碳气体使动物逐渐窒息死亡（图 9-2）。

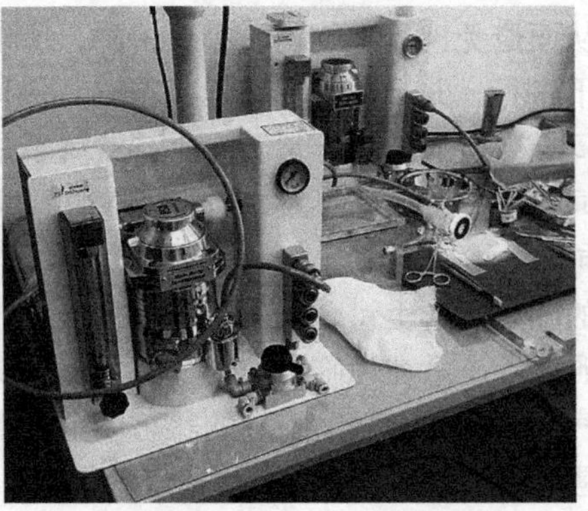

图 9-2　二氧化碳安乐死设备

2）氯仿吸入麻醉：可用于小动物安乐致死。本法所用的器械和装置与二氧化碳法相同。

3）戊巴比妥钠：为满足以人道的方式处死动物，可利用麻醉剂（如戊巴比妥钠）。通常使用麻醉剂量的 3 倍量腹腔注射。犬以每千克体重 1.5mL 或 75mg 的剂量快速静脉注射即可。动物因深度麻醉而引起意识丧失，呼吸中枢抑制及呼吸停止，导致心脏迅速停止搏动。这期间，犬由兴奋而变为嗜睡、死亡。

4）硫酸镁饱和液：用于小动物，价格便宜，也可静脉注射。硫酸镁的使用浓度约为 400g/L，以 1mL/kg 体重的剂量快速静脉注射，可不出现挣扎而迅速死亡。这是因为镁离子具有抑制中枢神经系统，使意识丧失和直接抑制延髓的呼吸及血管运动中枢的作用，同时还有阻断末梢神经与骨骼结合部的传导使骨骼肌弛缓的作用。

5）氯化钾法：用 10% 氯化钾以每千克体重 0.3～0.5mL 剂量快速静脉注射，即刻死亡。对于犬和猫等小动物可采用静脉滴注的方法，否则易引起死亡前挣扎等反应。钾离子在血中浓度增高，可导致心动过缓、传导阻滞及心肌收缩力减弱，最后抑制心肌使心脏突然停搏而致死。

6）一氧化碳法：可用于成群动物的扑杀。把欲扑杀的动物集中到一个房间里，放入一氧化碳使动物窒息死亡。

4. 死亡的定义　生命的本质是机体同化和异化不断运动演化的过程，死亡则是这一运动的终止，也是生命活动发展的必然结局。死亡从性质上分为生理性死亡和病理性死亡两种。生理性死亡是由于机体器官的自然老化所致，又称自然死亡、衰老死亡。病理性死亡原因大致有重要生命脏器，如脑、心、肝、肾、肺等严重不可复性功能损伤；慢性消耗性疾病，如重度营养不良等引起的机体极度衰竭；由于电击、中毒、窒息、出血等意外事故引起的严重急性功能失调。

多数情况下，死亡的发生是一个从健康的“活”的状态过渡到“死”的状态的渐进性过程，大致可分为以下几个阶段。

1）濒死期是指死亡前出现的临终阶段，也称临终状态。此时机体各系统的功能、代谢、结构已发生严重障碍，脑干以上的中枢神经系统处于深度抑制。临床上表现为意识模糊或丧失，反射迟钝或减弱，血压降低，心跳和呼吸微弱。这一时期持续时间差别很大，猝死者可较短，而慢性病可持续数日，部分患者经抢救可延续生命。

2）临床死亡期主要标志是自主呼吸和心跳的停止，瞳孔散大固定，对光反射消失。有人据此进一步按心脏停搏、呼吸停止、反射功能消失的先后顺序不同，分别称为“心脏死”和“呼吸死”。此时延髓处于极度抑制状态，但从整体而言，细胞和组织仍进行着极其微弱的代谢活动，声明并没有真正结束，若采取恰当的措施，尚有复苏成功的可能。

3）生物学死亡期是死亡过程的最终不可逆阶段。此期中枢神经系统及其他各器官系统的新陈代谢相继停止，虽然在一定时间内某些组织仍有不同程度代谢功能，但整个机体已不能复活。随着生物学死亡的发展，尸体逐渐出现尸冷、尸斑、尸僵，直至腐败变质等死后变化。

5. 死亡的标准　死亡是一个循序渐进、在时间上绝不可能等于零的病理过程，目前尚未制定出统一的死亡标准，大多数国家将脑死亡作为死亡的标准。所谓脑死亡是指包括大脑、间脑，特别是脑干各部分在内的全脑功能不可逆性丧失而导致的个体死亡。判断死亡可以依据以下标准。

1）出现不可逆性昏迷和对外界刺激完全失去反应。

2）颅神经反射消失，如瞳孔反射、角膜反射、吞咽反射等。

3）无自主呼吸，施行人工呼吸 15min 后自主呼吸仍未恢复。

4）脑电波包括诱发电位消失，出现等电位或零电位脑电图，即大脑电沉默。

5）脑血管造影证明血液循环停止。

一般认为后两项是判断脑死亡最可靠的指标。

【评价标准】

能够正确判定家畜、家养宠物、实验动物等，选择合适的安乐死方法。实验用大小鼠脱颈处死，要求动物保定动作规范，处死过程快速连贯，尽量降低动物痛苦。有条件实验室学生应掌握二氧化碳处死实验动物方法。宠物安乐死操作要求学生至少可以熟练建立两条静脉通路，安乐死药物选择尽量考虑动物福利、剂量、适应证。

通过心电监护仪判定动物是否死亡，在没有监护仪的状态下，正确选择死亡判定方法（脉搏、呼吸、瞳孔反射、角膜反射、吞咽反射等）。

能够完成实验用大小鼠脱颈处死，找到实验用犬静脉通路位置，掌握初步判定动物死亡标准的即为合格。可以完成实验犬静脉通路建立，模拟注射安乐死药物操作，并且对药物剂量选择正确，记为优秀。

（耿　琦）

第十单元　教　学　法

【学情分析】

科学技术是第一生产力，科技进步是我国农业生产和农村经济快速发展的关键。科技兴农需要大批具有较高的专业知识和生产技能的高素质人才来实现，这是保证农业持续发展的根本措施。畜牧业是农业经济的支柱产业，随着畜牧业的发展，不但传统养殖业（猪、鸡、牛、羊等）迅速发展，而且特种经济动物养殖业（兔、鹿、鸵鸟、犬等）也异军突起，发展迅速。为了更好地为众多患病动物服务，所以必须掌握临床上常用治疗技术。

动物治疗技术，是兽医工作者的必备技能。该课程的先行课为动物解剖与组织胚胎学、动物生理学、动物生物化学、兽医病理学、兽医药理学、兽医微生物学与免疫学、动物保定与临床检查、兽医临床检验技术及兽医特殊诊断技术等课程。通过本课程的学习，使学生掌握动物注射技术、经口给药技术、各种穿刺技术、各种理疗方法等。为从事兽医技术员工作打下坚实基础，也为继续学习兽医内科学、兽医外科学、兽医产科学、兽医传染病学奠定基础。

1. 专业基础课程与动物治疗技术的关系　从学生已有的知识基础看，应具备以下专业基础知识才能更好地去学习动物治疗技术。

（1）*动物解剖学*　是动物医学专业的一门专业基础课程，为学习动物治疗技术打下了基础。解剖学部分主要学习畜禽运动系统、内脏各器官、心血管系统和淋巴系统、神经系统的组成及各器官的位置、形态和结构特点等内容。主要学习基本组织、器官组织和胚胎学概论。

（2）*动物生理生化*　是动物医学专业的一门专业基础课程。生理部分主要学习动物细胞生理学基础、血液生理、循环生理、呼吸生理、消化生理、物质代谢与体温调节、神经生理、肌肉生理、泌尿生理、内分泌生理以及生殖生理等内容。生物化学部分主要学习糖类、脂类、蛋白质、核酸的代谢途径及其相互关系，从分子水平阐明动物体的化学组成，以及在生命活动中所进行的化学变化与其调控规律等生命现象的本质，本学科为动物治疗技术中一些生化指标起到了指导作用。

（3）*兽医病理学*　学习目的是为了系统学习动物医学专业的基本理论和基本技能，为临床兽医学、预防兽医学等课程打下基础。主要学习动物疾病发生、发展及转归的基本规律，阐明机体发病时机能、代谢和形态学变化的基本病理过程，从而揭露疾病的本质，为疾病的诊断和防治提供科学的理论依据等内容。

（4）*兽医微生物学与免疫学*　本课程系统学习动物医学专业的基本理论和基本技能，为临床兽医学、预防兽医学等课程打下基础。主要学习微生物的种类、病原微生物特性、临床诊断和防治等方面基础理论和基本技能；学习现代免疫学知识和技术；学习临床常见病原细菌、病毒和真菌及其他类病原微生物的生物学特性与致病性，病原分离与检验技术知识等内容。

（5）兽医药理学　是动物医学专业的一门专业课程。学习的目的是为了系统学习动物医学专业的基本理论和基本技能，为临床兽医学、预防兽医学等课程打下基础。主要内容分为总论和各论两部分，总论学习药效学、药动学、影响药物作用的因素和兽药管理；各论学习作用于动物各系统的药物及药物的理化性质、药动学、药理作用、应用、用法与用量、制剂等内容。本门课程为本教材动物用药起到了决定性的作用。

（6）兽医临床检验技术　本课程的先行课包括化学、动物生理学、动物生物化学、微生物与免疫学，本课程的主要内容有实验室基本技术、血液常规检验、血液化学检验、尿液检验、粪便检验、胃液检验、细菌学检验、病毒分离培养、真菌与真菌毒素检验、血清学检验、常见传染病的检验、常见寄生虫病检验、毒物检验、细菌对药物的敏感试验。通过本课程的学习和讨论，使学生系统掌握实验室诊断的正规操作和基本理论，为动物治疗技术诊疗方法奠定了基础。

2. 针对中职教师教学的建议　除此之外，在平时的教育教学过程中我们必须对中等职业学校的学生进行学习策略的教育与培养，提高他们学习科学文化知识和专业技能操作的积极性和主动性，应从以下几点着手。

1）引导学生转变观念，变被动为主动，由不感兴趣变为感兴趣。

2）让学生了解本课程的重要性。

3）运用灵活的教学方法。

【教材分析】

1. 我国畜牧业发展现状　近年来，随着市场经济不断发展与农村劳动力的大量转移，畜牧业生产正由“零星散养、畜禽混养”的传统方式向高度专业化、规模化的现代生产方式迈进，同时衍生出许多新的职业岗位，如宠物保健员、饲料销售员等。我国畜牧业已经发展到从传统畜牧业向现代畜牧业转变的阶段。畜产品生产逐步向优势区域集中，形成了长江中下游和华北地区的生猪产业带，中原和东北地区的肉牛产业带，东北、西北和西南地区的肉羊产业带，东北、华北的奶牛产业带，华东、华中、华北等优势家禽生产地区。与发达国家相比较，我国畜牧业还程度不同地存在生产方式比较落后、畜牧业科技水平不高、科技支撑体系薄弱、饲料资源不足、资源配置不合理、农牧业环境污染日趋严重等一系列问题。安全、质量、科技、规模、生态和效益成为畜牧业发展的关键，我国畜牧业发展进入“质”“量”并重阶段。这就要求未来的畜牧兽医行业从业人员分工更精细，职业能力更高超，畜牧业生产经营方式也应加以改变。伴随着养殖数量的大量增加，各种动物疾病随之增多，病情也越来越复杂，每年由动物疾病的发生和死亡所造成的经济损失十分巨大，严重地制约了畜牧业健康发展。

兽医临床工作的基本任务，在于防治畜禽疾病，保障畜牧业生产的发展，以加快社会主义畜牧业的建设，促进农业现代化早日实现。而防治畜禽疾病，必须首先认识疾病，正确的诊断是制订合理、有效防治措施的根据。因此，掌握动物治疗技术十分必要。

2. 课程基本理念　《动物治疗技术》编写的目标、内容和评价都符合当前我国畜牧业发展现状，也有利于提高每个学生的学习成绩和技术水平，同时，还有利于提高学生的科学技术素养。

《动物治疗技术》倡导探究性学习，力图改变学生的学习方式，引导学生主动参与、乐于探究、勤于实践，逐步培养学生收集和处理科学信息的能力、获取新知识的能力、分析和解决问题的能力，以及交流与合作的能力等，突出创新精神和实践能力的培养。

3. 课程目标

（1）课程总目标　在本课程教学结束时，要求学生能熟练掌握临床上常见给药技术；掌握常见瘤胃穿刺术的操作；掌握各种动物的输液技术；掌握公母犬的导尿技术；理解冲洗治疗技术和输血治疗技术；了解安乐死技术；一般了解物理疗法，从而能综合分析症状资料，对典型病例作出初步诊断和治疗。

（2）课程具体目标

1）掌握动物治疗技术的基本知识及基本概念。

2）能正确掌握口服给药、灌胃给药、皮下注射、肌内注射、静脉注射及腹腔注射方法，了解本教材内其他的给药技术。

3）掌握瘤胃穿刺及腹膜腔穿刺技术，了解胸膜腔穿刺及封闭疗法，一般了解本教材内其他穿刺法。

4）掌握直肠给药与灌肠技术，了解洗眼与点眼技术，一般了解本教材内其他冲洗技术。

5）能较熟练地进行各种动物输液疗法，了解输血疗法，一般了解本章内其他疗法。

6）了解常用物理疗法。

7）了解窥镜诊疗技术及针灸疗法，一般了解瘤胃内容物疗法及透析疗法。

8）了解动物安乐死技术。

【教学法建议】

当前，随着经济的发展，市场结构、劳动方式以及对人才的要求都发生了巨大的变化。现代职业劳动出现了三大跨越，即由体力劳动向脑力劳动跨越，由动作技能型向心智技能型跨越和由蓝领劳动者向白领劳动者跨越。中等职业学校畜牧兽医专业的培养目标已不是“中等技术和管理人员”，而是一线的高素质劳动者和中初级专门人才，与现代社会相适应的教育教学方法，应是使学生“会学”，而不是“学会”。教育教学应从知识的传递→知识的处理和转换，以培养学生的创新能力；教师应由“单一型”→“行动导向转变”；学生应由“被动接受的模仿型”→“主动实践、手脑并用的创新型转变”；教学组织形式由“固定教室、集体授课”→“课内外专业教室、教学工厂、实习车间转变”；教学手段由“口授、黑板”→“多媒体、网络化、现代教育技术转变”。要实现以上转变，对中职的畜牧兽医专业教育选用适宜的教学方法显得非常重要和必要。

1. 畜牧兽医专业常用教学法

（1）项目教学法　项目教学法是指通过一项完整的“项目”工作而进行教学活动的教学方法。以实际应用为目的，通过师生共同完成教学项目而使学生获知识、能力的教学方法。其实施以小组为学习单位，步骤一般为：咨询、计划、决策、实施、检查、评估。项目教学法强调学生在学习过程中的主体地位，提倡“个性化”的学习，主张以学生学习为主，教师指导为辅，学生通过完成教学项目，能有效调动学习的积极性，既掌握实践技能，又掌握相关理论知识，既学习了课程，又学习了工作方法，能够充分发

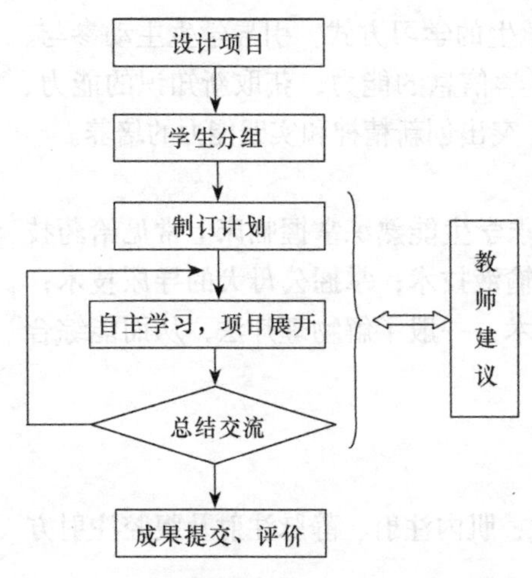

图 10-1　项目教学法一般教学结构示意图

掘学生的创造潜能，提高学生解决实际问题的综合能力（图 10-1）。

在畜牧兽医课程中，该教学方法与畜牧业领域联系非常密切，很多实践教学内容均可以“项目任务”进行教学。教学中，学生在教师的帮助下选择既与课程内容相关的，又感兴趣的主题开展教学。强调学习的主动建构，是学生通过对项目进行深入的调查、直接的了解和观察与亲身实践，获得直接经验的以学生为本的教学活动。

例如，本教材中，给药技术一章的知识背景是，学生已具备动物解剖学和临床诊断学知识，已经掌握了各种注射法的注射部位及其注意事项，还在兽医药理学中掌握了药物的基本药理作用和应用。因此，学生只有掌握给药方法的操作过程，才能完成本章教学任务，从而实现教学目标。穿刺术与封闭治疗技术、导尿治疗技术等都可以采用此种教学法。

（2）案例教学法（PBL 教学法）　案例教学法是运用事例（真实事例，也可是老师精心撰写）为基础，激发学生学习兴趣，说明道理，给学生的行为以启发的教学模式。具体地说，案例教学法就是在学生掌握了有关基本知识和分析问题能力的基础上，在教师的精心策划和指导下，根据教学目的和教学内容的要求，通过对一个具体的事例的描述，为学生创造一个与教学目标相关的教学情境，将学生带入特定事件的现场进行分析，找出问题的本质所在，寻找知识形成的规律，并运用掌握的概念和规律去解决实际问题。运用案例这个个别来说明、展示一般，通过学生的独立思考和集体协作，引导学生进行观察、分析、讨论、思考和归纳，通过师生的共同努力使学生达到举一反三、理论联系实际，由此提高学生分析问题和解决问题的能力的一种开放式教学方法。

案例教学法与传统的教学法相比，它突出“从事例中学”的思想，重视直接经验的获得，加强理论与实践经验的统一，由点及面，把直观性、启发性和实用性结合起来。所以在畜牧兽医职业教育中具有较强的实用价值。

关于案例呈现方式，一般可归纳为以下几种。

1）先“案”后“理”　即出示案例后，让学生熟悉、分析案例，进而讨论、归纳出相关原理，这种方法在案例教学中最为常见。

2）先“理”后“案”　即在说明学科规律后出示案例，用以论证、强化和巩固学习成果。这种案例通常起到列举的作用，与列举不同的是，案例中的情境更完整、更丰满、更具体，可以更加充分地论证学科规律，但这种方法常用于学习难度较小的教学内容。

3）“案”“理”同步，即在展示案例过程中分阶段分析、推理其中的原理。这种方法适用于学科原理层次多、教学内容复杂的课堂教学。通常情况下，在逐段分析前需要展示出整个案例让学生通晓。

4）复合型实际教学中，有时教师运用一个案例来分析不同的原理，即“一案多理”，还有时运用几个案例来推导、论证同一个原理，即“多案一理”。这就是复合型案例教学。

例如，本教材中，穿刺术一章中，瘤胃穿刺可以用本教学法进入主题，“小张家里饲养一头三岁黄牛，正直玉米成熟季节，由于放牧时走失，找到牛之后发现腹围膨大，食欲废绝，呼吸急促，叩诊呈现鼓音，请同学们分析小张家的牛得了什么病，应如何进行下一步治疗？”这就使学生带着问题更有兴趣地进行学习了。在本教材中，导尿治疗技术、输液及输血疗法章节也可以采用本教学法。

（3）任务驱动教学法　所谓“任务驱动”就是在学习信息技术的过程中，学生在教师的帮助下，紧紧围绕一个共同的任务活动中心，在强烈的问题动机的驱动下，通过对学习资源的积极主动应用，进行自主探索和互动协作的学习，并在完成既定任务的同时，引导学生产生一种学习实践活动。“任务驱动”是一种建立在建构主义教学理论基础上的教学法。它要求“任务”的目标性和教学情境的创建。使学生带着真实的任务在探索中学习。在这个过程中，学生还会不断地获得成就感，可以更大地激发他们的求知欲望，逐步形成一个感知心智活动的良性循环，从而培养出独立探索、勇于开拓进取的自学能力。其基本环节如下。

1）创设情境：使学生的学习能在与现实情况基本一致或相类似的情境中发生。

需要创设与当前学习主题相关的、尽可能真实的学习情境，引导学习者带着真实的“任务”进入学习情境，使学习更加直观和形象化。生动直观的形象能有效地激发学生联想，唤起学生原有认知结构中有关的知识、经验及表象，从而使学生利用有关知识与经验去“同化”或“顺应”所学的新知识，发展能力。

2）确定问题（任务）：在创设的情境下。选择与当前学习主题密切相关的真实性事件或问题（任务）作为学习的中心内容，让学生面临一个需要立即去解决的现实问题。问题（任务）的解决有可能使学生更主动、更广泛地激活原有知识和经验，来理解、分析并解决当前问题，问题的解决为新旧知识的衔接、拓展提供了理想的平台，通过问题的解决来建构知识，正是探索性学习的主要特征。

3）自主学习、协作学习；不是由教师直接告诉学生应当如何去解决面临的问题，而是由教师向学生提供解决该问题的有关线索，如需要搜集哪一类资料、从何处获取有关的信息资料等，强调发展学生的“自主学习”能力。同时，倡导学生之间的讨论和交流，通过不同观点的交锋，补充、修正和加深每个学生对当前问题的解决方案。

4）效果评价：对学习效果的评价主要包括两部分内容，一方面是对学生是否完成当前问题的解决方案的过程和结果的评价，即所学知识的意义建构的评价，而更重要的一方面是对学生自主学习及协作学习能力的评价。

本教材中，物理疗法及其他治疗技术章节都可应用本教学法。

【教学法举例】

1. 案例教学法（PBL教学法）应用——瘤胃穿刺术　瘤胃穿刺（rumen puncture）是指用穿刺钳（套管针）穿透瘤胃壁，到达瘤胃腔的穿刺方法。临床上主要用于牛、羊等瘤胃急性臌气时的急救排气和向瘤胃内注入药液。瘤胃穿刺在教材中占有重要的位置，学习本节课，对于学生掌握瘤胃穿刺操作技术及其临床应用有着重要的指导意义。现将运用案例教学法的教学过程论述如下。

第一个环节：引入案例

小张家里养了一头两岁龄黄牛，采食玉米秸秆不久后发病，弓腰举尾，腹部膨大，烦躁不安，采食、反刍停止，左腹部突出，叩之如鼓，气促喘粗，张口伸舌，左腹部迅速胀大，摇尾踢腹，听诊瘤胃蠕动音消失或减弱。兽医告诉小张，凭借他多年的经验，猜测可能患瘤胃臌气，计划采取瘤胃穿刺放气法，应该怎样判断该病为瘤胃臌气并进行防治?

第二个环节：确定任务和工作计划

确定任务：确诊小张家牛患的是什么病，用瘤胃穿刺法穿刺如何操作?

制订工作计划：

1）查阅相关资料，了解有关病的各种信息。

2）到小张家观察病牛情况。

3）进行检测，完成报告。

4）分析检测结果，得出结论并论证。

第三个环节：审视、搜寻、评价信息

综合分析查找、收集的各种资料和信息。

第四个环节：开发并深入处理各种解决方案

方案1：通过临床典型的特征确定该牛有什么病。

方案2：通过实验室诊断该牛患有什么病。

方案3：通过流行病学调查进行诊断。

方案4：通过流行病学调查，根据实验室诊断确定该牛患什么病。

方案5：通过临床典型的特征，根据实验室诊断确定该牛患什么病。

方案6：通过临床典型的特征和流行病调查诊断该牛患什么病。

方案7：通过临床典型的特征和流行病调查并根据实验室诊断确定该牛患什么病。

第五个环节：选择解决方案并进行论证

因为方案1～6的确诊都需要丰富的临床经验，对于初学的学生往往没有临床经验，并且如果要作到确诊无误方案7是最佳的。

第六个环节：展示并讨论各种解决方案

方案1～3的解决方法直观、迅速，如果判断正确能迅速排除瘤胃内的气体，能最大限度地挽回疾病的损失。但需要有丰富临床和实践经验，学生往往没有临床经验，故对于学生或初学者采用方案1～3可能造成误诊。

方案4～5的解决方法较方案1～3的解决方法更为准确，但所用的试验药品和用具成本较高，所需的时间较长，对于疾病的确诊越早，挽回的损失越大，尤其早期的确诊，对于疾病的治疗起关键作用。

方案6根据临床典型的特征和结合流行病调查诊断的方法所需时间短，临诊无需费用，是生产实践中常采用的方案。

方案7的解决方法依据准确，但所用的试验药品和用具成本较高，并需要有丰富的实验室诊断经验，是最终确诊的必要途径。

第七个环节：评价结果，并将结果普遍化

对于牛病的诊断，尤其是危害较大的病，如果临床经验丰富，根据典型的临床症状和流行病学调查快速作出判断，在生产实践中果断采取措施，可最大挽回经济损失，但疾病的最终准确的确诊还要结合实验室诊断。

2. 项目教学法案例——肌内注射法

（1）教学对象分析　中等职业学校畜牧兽医专业由于生源问题，学生入校水平不齐，整体素质差异较大，大多数来自农村，但未有给动物肌内注射的经历及训练。通过对学生平时学习的观察及以前学习中学生的行为表现，学生的认知活动较为表面，深刻性不够，思维形式主要是形象思维，抽象逻辑思维虽有一定的发展，但仍与直接和感性经验相联系，多以外在学习动机为主，倾向于兴趣学习，成就欲望很强。本节的教学对象为中等职业学校畜牧兽医专业。在此内容学习之前，学生已经学习了“动物解剖学、兽医药理学”等知识。所以，根据该阶段学生的心理特征和个体差异性，选择恰当的教学方法非常重要，在学习肌内注射法时就不能采用传统的单一的命令式教学方法，而适宜采用灵活的、有趣的、引导式教学方法，否则就不能收到预期的教学效果。

（2）教学的指导思想　肌内注射是一项实践性很强的工作，本节课着重掌握肌内注射的基本操作要领，并能运用于临床实践。同时，让学生在实地研究过程中，重温注射部位及其药物配制过程，为学生进一步学习内科病学打下了一定基础。

（3）教学过程和步骤　教学过程和步骤见表 10-1。

表 10-1　教学活动过程表

程序	主要教学活动过程		设计意图	成果
	教师	学生		
课前准备	配合学生准备：不同型号的注射器及不同型号的针头，以及常规消毒药品和注射药品	（1）进行分组。 （2）确定项目主体。 （3）明确任务、成果目标。 （4）明确评价标准。 （5）形成小组活动规则。 （6）与教师一起做好教学前的准备工作	（1）学生进行分组，每班 30 人，分 5～6 组，组长一人。 （2）小组进行讨论，围绕完成项目需要思考采用哪些技术，这些技术又牵涉哪些知识，这些知识又如何用到项目中去的思路。成果目标为每个小组完成一套完整的、可行的设计方案	确定题目，明确任务
基础知识	（1）准备并放映肌内注射的制作的录像。 （2）以组为单位，指导学生总结、讨论	（1）收看肌内注射的录像，了解肌内注射部位；掌握操作要领及其注意事项等。 （2）收集资料。 （3）围绕完成项目需要思考采用哪些技术，这些技术又牵涉哪些知识，这些知识又如何用到项目中去的思路	（1）重点位置找准确，操作要熟练。 （2）整理资料。 （3）各组负责人，阐述本组总结出的肌内注射的难点等，以便到实践中去体会	调研报告
实地操作	（1）带领学生到学校教学实习基地进行现场实操。 （2）指导计划的拟定。 （3）教师审阅工作计划表后，提出意见或建议	（1）根据已有知识，选择所需材料用具。 （2）检查、确定肌内注射部位。 （3）小组拟定肌内注射操作计划	完成一套完整的、可行的设计方案	项目计划书

续表

程序	主要教学活动过程		设计意图	成果
	教师	学生		
实施计划	（1）检查、核实实施步骤、时间安排和进度检查等内容。 （2）先进行示范，讲解每步的操作要点，再组织学生分组操作。 （3）在各组间巡视、指导、解疑，监督进度和完成质量	组长与组员协商工作安排和进行任务分工，按照工作计划独立或合作完成计划任务： （1）注射部位选择。 （2）药液的吸取。 （3）注射部位消毒。 （4）左手的拇指与食指轻压注射局部，右手持注射器，使针头与皮肤垂直，迅速刺入肌肉内。 （5）注射完毕，用左手持酒精棉球压迫针孔部，迅速拔出针头	通过精心准备，让学生完成肌内注射操作	操作流程
检查评估	最后，教师做评议，肯定学生成果并指出作品和操作过程中存在的问题	（1）肌内注射完成之后，各小组对肌内注射成果进行检查，以便发现问题做及时调整。 （2）讲解学生完成的肌内注射，并进行自评。 （3）各小组再互评，总结交流体会	（1）有利于学生形成严谨工作作风和学习态度。 （2）让学生养成勤于思考的思维习惯。 （3）在老师和同学的帮助下善于发现自己的长处和不足，以便及时进行调整，从而发展和提高自我认识的能力	展示

（4）教学效果与评价　“动物治疗技术”是一门实践性很强的课程，在教学中怎样处理好理论教学与实践教学的关系，使学生既能学到理论知识，又能培养动手能力，这是教学中长期呈现在专业教师面前的一个很难解决的重要课题。采用项目教学法后，能够较好地解决这个问题。在教学实践中，学生以小组形式来完成肌内注射的操作。教师首先通过录像或课件进行必要的理论和实验教学，使学生掌握必要的基础知识；其次把全班分成若干个小组确定项目任务，学生分别对项目进行讨论、查找资料，并写出各自的设计思想与方法，制订详细操作程序；然后进行全班交流；最后进行评估总结。经过实践观察，充分调动了学生积极性和主动性，使教学效果提高显著。

（5）课后小结　本次教学实践的顺利完成，给师生双方都提供了一次全新的学习经历。教师参与到学生们的学习活动中去，并观察学生的学习活动，更加清楚地了解了影响学生学习的因素。学生学习以项目为中心，有明确的目标和任务，围绕项目展开一系列的主动的学习活动，学生的主动性和积极性得以发挥，达到了预期的目标。

（张学强）

参 考 文 献

包玉清，于洪波．2008．动物临床治疗技术．北京：中国农业科学技术出版社

丁岚峰．2006．宠物临床诊断及治疗学．哈尔滨：东北林业大学出版社

东北农学院．1979．临床诊疗基础．北京：农业出版社

韩博．2005．动物疾病诊断学．北京：中国农业大学出版社

林政毅．2012．小动物输液学．勒沃库森：德国拜耳公司

石冬梅，蔡友忠．2011．宠物临床诊疗技术．北京：化学工业出版社

唐兆新．2002．兽医临床治疗学．北京：中国农业出版社

王俊，萧传实．2002．临床实用补液手册．北京：军事医学科学出版社

吴敏秋，沈永恕．2014．兽医临床诊疗技术．北京：中国农业大学出版社

Charlotte D. 2012. Fluid Therapy for Veterinary Technicians and Nurses. New York:Wiley-Blackwell

DiBartola S P.2012. Fluid, Electrolyte,and Acid-base disorders in Small Animal Practice. Amsterdam: Elsevier Inc